# MES RÊVERIES:

## OUVRAGE POSTHUME

### DE

# MAURICE COMTE DE SAXE,

Duc de Courlande et de Sémigalle, maréchal général

DES ARMÉES DE SA MAJESTÉ TRÉS-CHRÉTIENNE.

*En deux volumes* in-quarto, *enrichis de* 84 *planches.*

---

### PROPOSÉ PAR SOUSCRIPTION.

---

A AMSTERDAM et A LEIPZIG,

Chez Arkstée et Merkus.

*Et se trouve à* PARIS,

Chez { DESAINT et SAILLANT, rue saint Jean de Beauvais.
       DURAND, rue du Foin, près la rue saint Jacques.

M. DCC. LVII.

# *A V I S.*

La haute réputation que le maréchal comte de Saxe s'eſt acquiſe en Europe par ſa bravoure & par ſon intelligence dans le métier de la guerre, forme le préjugé le plus avantageux en faveur des réflexions que ce grand général a bien voulu tracer de ſa main ſur un art auſſi important. Il ſeroit donc inutile d'en faire ici l'éloge ; le nom illuſtre de leur auteur ſuffit ſeul pour en donner la plus grande idée.

Ces réflexions, qu'il appelloit *ſes rêveries* (parce qu'il regardoit toutes les actions de la vie comme autant de rêves), viennent d'être imprimées en Hollande, mais ſur une copie extrémement défectueuſe. Nous ne parlons point des fautes d'impreſſion dont cette édition eſt remplie ; c'eſt un défaut de plus, qui n'arrêteroit cependant pas un lecteur intelligent, ſi d'ailleurs il ne ſe trouvoit rien de changé ni d'omis dans les penſées & dans les phraſes de l'auteur. Mais, en conférant cette édition avec le manuſcrit original (qui s'eſt trouvé à l'inventaire de M. le comte de Friſe, neveu du maréchal, qui le lui avoit légué par ſon teſtament, & ſur lequel nous préparons l'édition que nous annonçons aujourd'hui), nous avons trouvé à chaque page quantité de phraſes, dont les unes ne rendent point la penſée de l'auteur, d'autres la rendent mal, d'autres enfin ſont abſolument contraires à ce qu'il a voulu dire.

Les planches qui accompagnent cette première édition de Hollande, ſont encore une nouvelle preuve de la défectuoſité de la copie d'après laquelle on a imprimé. 1°. Il n'y a que quarante planches dans cette édition ; au lieu que, dans le manuſcrit original, il y en a plus de quatre-vingt. 2°. Ces planches, quoiqu'en petit nombre, n'ont pour la plupart aucun rapport à celles du manuſcrit, & ne contribuent en rien à faire entendre la penſée de l'auteur. Il eſt à préſumer que le deſſinateur Hollandois n'a travaillé que d'idée : il a rendu effectivement avec aſſez de goût & de correction ce qu'il a compris à la lecture de la copie qu'il avoit devant lui ; mais, encore un coup, cette copie étant défectueuſe, elle n'a ſervi qu'à l'induire en erreur.

Quelle différence ne trouvera-t-on pas, lorfque l'on aura fous les yeux des eftampes gra-
vées avec la plus exacte précifion fur des deffeins tracés en préfence du maréchal, qui avoit
la patience de conduire l'artifte prefque par la
main, de corriger fes défauts, en un mot, de
changer, de diminuer ou d'augmenter jufqu'à
ce qu'enfin fon idée fût entièrement rendue ?
Cette attention étoit effentielle de fa part, pour
réuffir à faire bien entendre fa penfée : la plupart du temps ce grand général ne fait qu'ef-
quiffer fes idées, & laiffe au deffein le foin de
les faire paroître dans tout leur jour.

*Par exemple,* lorfqu'il parle d'une arme de fon
invention, qu'il nomme *amufette,* il fe contente
de dire qu'elle porte au-delà de 4000 pas avec une
violence extrême, au lieu que les pièces de campagne que les Allemands & les Suédois mènent
avec leurs bataillons ont à peine le quart de cette
portée, &c. Qu'a fait l'artifte Hollandois, en conféquence de cet expofé? Il a deffiné tout uniment
une pièce de campagne avec fon affut ordinaire;
& il ne pouvoit effectivement rien faire de plus,
parce que le texte du maréchal ne donne aucune
explication : elle ne fe trouve que dans l'eftampe,

où l'on voit que l'*amufette* eſt une eſpèce de groſſe carabine, armée d'une culaſſe par laquelle on la charge : on voit de plus un affut d'une forme fingulière, avec le deſſein d'une machine à l'aide de laquelle deux ſoldats peuvent facilement la tranſporter par-tout ; ſouvent même un ſeul homme peut ſuffire : tout cela eſt détaillé dans l'eſtampe ; on y voit de plus le plan & la cou-pe de l'*amufette*.

*Autre exemple.* Dans cette première édition de Hollande, le deſſinateur a repréſenté le ponton porté ſur un chariot à l'ordinaire ; dans le manuſ-crit original, la machine ſur laquelle on le tranſ-porte ſert également à former le pont, à le lancer à l'eau & à l'en retirer dans l'eſpace de ſept minu-tes : ce méchaniſme, qui eſt très-ingénieux, eſt développé dans des deſſeins particuliers.

En parcourant ainſi toutes les planches de cette première édition Hollandoiſe, on verroit que, re-lativement au manuſcrit du maréchal, il n'y en a pas une ſeule qui ſoit véritablement correcte ; que les campemens, les diſpoſitions de corps d'ar-mées, les profils de fortifications, les machines de nouvelle invention, ont été faites d'idée ; & qu'elles n'ont qu'un rapport indirect, & le plus

ſouvent faux, avec les deſſeins originaux du maréchal.

Nous n'aurons point à craindre de pareils reproches par rapport à l'édition que nous propo-
ſons par ſouſcription. Nous imprimons ſur le
manuſcrit du maréchal ; nos planches ſont d'a-
près ſes deſſeins ; l'habileté des artiſtes que nous
employons nous répond du ſuccès de notre
entrepriſe.

*Cet ouvrage ſera imprimé ſur le même papier,
dans la même forme, & avec les mêmes caractères que le préſent Avis.*

## CONDITIONS PROPOSÉES AUX SOUSCRIPTEURS.

On payera 36 liv. pour l'exemplaire avec figures.

    Sçavoir, en foufcrivant,                   18 liv.

    En retirant l'ouvrage au premier mai 1757,   <u>18</u>

                                            36

Et pour ceux qui n'auront point foufcrit, 48 liv.

*Les différentes figures de foldats, cavaliers, dragons & autres, font coloriées dans le manufcrit de monfieur le maréchal* DE SAXE. *Ces couleurs contribuent beaucoup à faire fentir les avantages des nouveaux habillemens & armemens qu'il propofe, & fervent à diftinguer la différence des étoffes, telles que la peau, le cuir, le drap, l'acier, &c.; ce qu'il n'eft pas poffible de faire en gravure. Pour ne rien laiffer à defirer de tout ce qui peut rendre les penfées de ce grand homme dans tout leur jour, on a cru devoir faire enluminer les eftampes de quelques exemplaires, conformément à l'original.*

On payera 48 liv. pour l'exemplaire avec figures enluminées.

    Sçavoir, en foufcrivant,                   24 liv.

    En retirant l'ouvrage au premier mai 1757,   <u>24</u>

                                            48

Et pour ceux qui n'auront point foufcrit, 60 liv.

*On ne fera admis à foufcrire que jufqu'au 15 avril 1757 exclufivement.*

# MES RÊVERIES,

## TOME PREMIER.

# MES RÉVERIES.

## OUVRAGE POSTHUME

DE

# MAURICE COMTE DE SAXE,

Duc de Curlande et de Sémigalle, maréchal général des armées de sa majesté très-chrétienne :

Augmenté d'une histoire abrégée de sa vie, & de différentes pièces qui y ont rapport,

PAR MONSIEUR L'ABBE' PÉRAU.

## TOME PREMIER.

A AMSTERDAM et A LEIPZIG,

Chez Arkstée et Merkus.

Et se trouve d PARIS,

Chez {DESAINT et SAILLANT, rue saint Jean de Beauvais.
{DURAND, rue du Foin, près la rue saint Jacques.

M. DCC. LVII.

# AVERTISSEMENT.

L'OUVRAGE que nous publions aujourd'hui n'a besoin ni de recommandations, ni d'éloges. Le fond en est connu par différentes éditions, qui, malgré leur défectuosité, ont été accueillies par le public avec empressement : c'est un sûr garant de l'estime qu'il en fait. Il s'agit donc uniquement ici de rendre compte des avantages de notre édition sur toutes les autres.

1°. Elle est faite sur le manuscrit même de monsieur LE MARÉCHAL COMTE DE SAXE. Les précédentes, au contraire, n'ont été imprimées que d'après une copie très-informe. Qu'on les compare avec la nôtre, on verra à chaque page des différences essentielles dans la narration.

2°. Les estampes, qui sont en grand nombre dans notre édition, ne sont point de simples ornemens ; elles font une partie essentielle de l'ouvrage. Nous l'avons déjà observé dans notre prospectus ; monsieur le maréchal ne faisoit la plupart du tems qu'esquisser ses idées, & laissoit au

TOME I. &ast;

# AVERTISSEMENT.

deſſein le ſoin de les développer. De-là cette ſuite de tableaux intéreſſans que le maréchal a fait exécuter ſous ſes yeux pour l'intelligence de ſon ouvrage.

C'eſt d'après ces précieux originaux que nous avons fait travailler à nos deſſeins ; ce qu'on n'avoit pas été en état de faire dans les premières éditions, où il eſt aiſé de remarquer que les eſtampes n'ont été faites que d'idée. Auſſi la plupart n'ont - elles avec l'ouvrage aucun rapport néceſ-ſaire, & ne contribuent nullement à en faciliter l'intelligence. D'ailleurs, dans les endroits que le deſſinateur hollandois n'a pas été à portée d'enten-dre, ſes idées ne lui fourniſſant rien, il n'a oſé ha-ſarder de rien donner à cet égard. C'eſt ce qui fait qu'il n'y a dans les premières éditions qu'une qua-rantaine de planches ; au lieu que, dans celle-ci, on en verra quatre-vingt-quatre, d'après les deſſeins originaux, qui toutes, avec l'imprimé, ſervent à mettre le ſyſtème du maréchal dans le jour le plus avantageux.

Toute cette partie a été conduite par un habile deſſinateur *, qui, jeune encore, joint à une grande

---

* Monſieur PATTE, architecte & graveur, connu depuis longtems par différens ouvrages qui lui ont acquis une grande réputation parmi

# AVERTISSEMENT.

*connoissance des arts un goût exquis pour le dessein,*
*& un tact sûr pour choisir les artistes les plus*
*capables de rendre, par la gravure, la perfection*
*& le fini que son crayon leur indique.*

*Quoique nous nous soyons fait un devoir de sui-*
*vre en tout le manuscrit original, nous avons cru*
*pouvoir, à l'exemple des premiers éditeurs, parta-*
*ger cet ouvrage par livres, chapitres & articles:*
*cette division nous a paru avoir plus de grace que*
*de simples titres, tels qu'ils sont dans le manus-*
*crit.*

*De plus, on a été d'avis que nous conservassions*
*un morceau singulier, qui se trouve dans les pré-*
*cédentes éditions; mais dont il n'est fait nulle men-*

les artistes & les amateurs des beaux arts. On a de lui, 1°. d'excellens morceaux relatifs à l'architecture, imprimés dans le mercure. 2°. Un discours dans lequel il fait voir combien il seroit avantageux que l'étude de cet art entrât dans l'éducation des personnes de naissance. Ce discours a été publié en 1754. 3°. Deux suites des compositions du célèbre Piranèze, dont il a imité la manière en les gravant à une seule taille. 4°. Une suite de vingt planches d'architecture, contenant les proportions générales, entrecolon-nemens, portes, niches, croisées, profils, amortissemens, & détails choisis des plus beaux édifices de France & d'Italie, qu'il a levés & dessinés sur les lieux. On y trouve entr'autres ceux du péristile du louvre. 5°. Il a gravé une partie des planches d'architecture des ruines de la Grèce, que Mr. le Roi architecte doit mettre au jour incessamment. 6°. Divers autres ouvrages, tels qu'une bourse pour des négocians, un portail de saint Eustache, &c, &c.

# AVERTISSEMENT.

tion dans le manuscrit : c'est celui qui est intitulé, Réflexions sur la propagation de l'espèce humaine. On verra que le maréchal, d'ailleurs si profond dans l'art militaire, ne possédoit pas de même la science des loix & du gouvernement. On ne peut guère qualifier autrement cette production, qu'en lui attribuant en particulier le titre que l'auteur a jugé à propos de mettre à son excellent ouvrage sur la guerre.

Une histoire détaillée de la vie de ce grand général auroit sans doute bien figuré à la tête d'un ouvrage qui fait tant d'honneur à ses talens : mais nous laissons ce soin à ceux qui, pourvus de bons mémoires, se sentiront d'ailleurs des forces suffisantes pour peindre ce héros à la postérité : nous nous sommes bornés à donner une histoire abrégée de sa vie militaire : ce qui nous a fourni l'occasion de faire usage de quelques lettres, & autres pièces dont nous avons eu communication. On trouvera ces différens morceaux à la fin du second volume.

Fin de l'avertissement.

# AVIS AUX RELIEURS,

## *pour l'arrangement des planches.*

### TOME PREMIER.

# TOME SECOND.

*Le relieur obſervera de coler des onglets aux planches du premier tome, numérotées*

I, II, III, IV, V, VI, XIV, XVI, XVII, XXVII, XXVIII, XXIX, XXXII, XXXI, XXXIII, XXXIV, XXXVI, XXXVII, XXXVIII, XLVII, XLVIII & XLIX, du Tome I.

# HISTOIRE ABRÉGÉE

## DE

# MAURICE COMTE DE SAXE,

## DUC DE CURLANDE ET DE SEMIGALLE,

*maréchal général des armées de sa majesté très-chrétienne.*

Maurice, comte de Saxe, naquit à Dresde le 19 octobre 1696. Il étoit fils naturel de Frédéric Auguste * premier du nom, roi de Pologne, électeur de Saxe, grand-duc de Lithua-

---

* Ce prince est appellé, dans les actes publics, Auguste premier, & quelquefois Auguste second. On peut dire l'un & l'autre à différens égards. Il est premier du nom par rapport au trône de Pologne, & second par rapport à l'électorat de Saxe.

nie ; & de Marie-Aurore de Konigfmarck, comteffe de Wefterwich & de Stegholm, abbeffe du
monaftère impérial, libre & féculier de Qued-
linbourg, de la confeffion d'Aufbourg. Il eut
la même éducation que le prince électoral,
aujourd'hui roi de Pologne, qui n'étoit fon aîné que de quelques mois.

Son goût<br>pour les<br>exercices<br>militaires. Son goût pour les armes, & en général pour
tout ce qui pouvoit concerner la guerre, fe ma-
nifefta, pour ainfi dire, dès le berceau, & ne
fit que s'accroître à mefure que l'âge fe développ-
pa. Le fon des trompettes, le bruit des tymba-
les, des tambours, les revues de troupes, faifoient fur fon ame l'impreffion la plus vive.
Après avoir affifté à un exercice, il cherchoit
auffi-tôt à imiter ce qu'il avoit vu. Il raffembloit
des enfans de fon âge, & exécutoit avec eux,
dans fon appartement, ce qu'il avoit pu retenir
des évolutions dont il avoit été témoin.

Dès qu'il put fe tenir à cheval, & faire
des armes, il fe livra à ces exercices avec une
ardeur inconcevable, & y fit de rapides progrès.
Il ne montra pas autant de goût pour les premiers élémens des fciences : on eut même bien
de la peine à lui faire apprendre à lire & à

écrire ; on imagina en vain différentes rufes pour tâcher de le tenir à l'étude pendant quelque tems de la matinée. Le moyen qui réuffiffoit le mieux, étoit de lui promettre de le laiffer monter à cheval, ou faire des armes, auffi longtems qu'il voudroit dans l'après-midi : on étoit fûr alors d'obtenir ce que l'on fouhaitoit ; c'eft-à-dire, qu'il reftoit en place & paroiffoit s'appliquer, mais la tête plus occupée du plaifir dont on le flattoit, que des objets qu'il avoit fous fes yeux, le tems d'étude étoit, pour l'ordinaire, affez mal employé.

On ne réuffit pas mieux lorfqu'on voulut lui faire apprendre quelques-unes des langues qui lui étoient étrangères. Il ne témoigna quelque goût que pour la françoife. Il aimoit les François, & vouloit toujours en avoir auprès de lui : cela le mit dans l'obligation d'étudier les principes de leur langue : & la facilité qu'il avoit d'apprendre ce qui lui faifoit plaifir, le mit bientôt en état d'entendre le françois, & de le parler.

Tel fut, à peu près, le fruit qu'il retira de fa première éducation. Il fit dans la fuite de grands progrès dans la méchanique, la géométrie, les mathématiques, & dans toutes les connoiſſances qui pouvoient avoir trait au goût qu'il avoit pour les armes. Mais ce fut de lui-même qu'il ſe preſcrivit cette étude, dès les premiers pas qu'il fit ſous différens généraux auſquels le roi ſon père le confia pour le former au grand art de la guerre.

1708.

Ses premiè-res armes, au ſiége de Lil-le.
Il fit ſes premières armes ſous le comte de Schulembourg, commandant des troupes ſaxo-nes dans l'armée des puiſſances alliées contre là France. La Flandre étoit alors le théâtre de la guerre; & les alliés venoient de mettre le ſiége devant Lille. Le jeune comte, à peine âgé de douze ans, y ſervit en qualité d'aide - major général du commandant ſaxon. Il monta plu-ſieurs fois la tranchée, tant à l'attaque de la ville que du château, & fit voir dès lors ce qu'on devoit attendre de lui, lorſqu'il ſeroit dans un âge plus avancé.

Le roi de Pologne, témoin de cette bravoure naiſſante, crut devoir lui laiſſer prendre un li-bre eſſor. Il permit au jeune comte de le ſuivre dans toutes ſes expéditions militaires. Les con-jonctures étoient alors des plus favorables. Il y avoit déjà huit ans que les maiſons de Bourbon

& d'Autriche étoient en guerre pour la fucceffion d'Efpagne; & il ne paroiffoit pas que l'on
dût fitôt pofer les armes.

Les alliés, après avoir emporté Lille fur les
François, affiégèrent Tournai, & s'en emparèrent le 29 juillet 1709, après vingt & un jours
de tranchée ouverte. Le comte de Saxe s'y diftingua; & fon intrépidité le portant à s'expofer
aux attaques les plus vives, il fe vit deux fois à
l'inftant de fa perte. Deux mois après, le 11 de
feptembre, fe donna cette fanglante bataille
de Malplaquet, une des plus meurtrières que
l'on eût vues depuis longtems. Le comte s'y diftingua par fa bravoure. Et, portant déjà par-
tout ce fang froid qui caractérife le vrai courage, il remarqua dès lors les fautes qui avoient
été réciproquement commifes par les généraux
des deux partis; & fur-tout par les François,
qui, au moyen d'une meilleure difpofition *,
auroient pu mettre la victoire de leur côté. Le
maffacre affreux qui fe fit dans cette bataille,
loin de lui infpirer de l'horreur pour une pro-
feffion auffi périlleufe, ne fit qu'allumer encore
fon courage ; & le foir même, il dit à fes

1709.

Il fe trouva
au fiége de
Tournai.

Bataille de
Malplaquet.

* Voyez tome II, page 94 & fuiv.

amis, avec une efpèce de tranfport d'allégreffe, *qu'il étoit bien content de fa journée.*

L'année fuivante, il fervit encore en Flandre, & fe diftingua au fiége de Béthune. Tous
les officiers généraux s'emprefsèrent de lui donner les plus grands éloges. Mais le prince Eugène, ce grand maître dans l'art de la guerre,
crut devoir, au lieu d'éloges, lui donner des leçons fur le véritable courage, pour tempérer
un peu cette pétulante impétuofité avec laquelle
il l'avoit vu fe précipiter au milieu des hafards.
*La témérité*, lui dit-il, *ne paffera jamais pour bra-*
*voure. Vous ne devez pas ainfi les confondre; car*
*les connoiffeurs ne s'y méprendront pas.*

Cette campagne fut la dernière qu'il fit contre une couronne à laquelle il devoit, dans la
fuite, rendre les fervices les plus importans. Mais,
avant que de paffer en France, il eut occafion
de fe fignaler, dans différentes entreprifes que
tenta le roi fon père contre les Suédois.

On fçait que Charles XII, roi de Suède, cet
Alexandre du nord, avoit été, pendant plufieurs
années, la terreur de fes voifins. Après avoir dé-
trôné le roi de Pologne en 1704, & battu les
Mofcovites en différentes batailles pendant plu-

fieurs années, il avoit enfin fuccombé fous leurs
efforts à la journée de Pultowa, qui fut vraiment le terme des profpérités de ce prince. Il
fe fauva à Bender, chez les Turcs; & agit fi vivement à la Porte, qu'il détermina cette puiffance
à déclarer la guerre au czar de Mofcovie. Les
rois de Dannemarck & de Pologne, profitant
des conjonctures, pour fe vanger des traitemens
qu'ils avoient reçus du roi de Suède durant le
cours de fes conquêtes, firent alliance avec le
czar; & convinrent que, pendant que celui-ci
défendroit fes frontières contre les Turcs, ils
feroient irruption de leur côté dans la Poméranie fuédoife.

Le roi de Pologne y conduifit fes troupes, **1711.**
& fut fuivi du comte de Saxe, qui fit des pro-  Il fert en
diges de bravoure dans le cours de cette ex-  Poméranie.
pédition. Il fe diftingua d'abord à la prife de
Troptow. De-là, les Saxons allèrent à Stralfund
pour en faire le fiége. Les approches fouffrirent
beaucoup de difficultés, à caufe de la pofition
de cette place, qui eft environnée d'eau de toutes parts. Tandis que la plupart de troupes tâ-
choient d'aborder par les digues, le comte de
Saxe, à la tête d'une compagnie de braves auffi

déterminés que lui, paffa une rivière à la nage,
le piftolet à la main, fans s'embarraffer du feu
des ennemis : trois officiers & vingt foldats furent tués à fes côtés; il n'en parut nullement
ému, & continua le trajet. Les attaques fe firent avec beaucoup de vigueur, mais peu de
fuccès. La bravoure des affiégés, l'inondation
de tous les environs de la place, & plus encore
la rigueur de la faifon, qui étoit déjà très-avancée, ces différens obftacles furent caufe que l'on
renonça à l'entreprife. Les Saxons & les Danois
levèrent le fiége, & fe difposèrent à prendre leurs
quartiers d'hyver. Cependant, avant que de fe
féparer, ils firent conjointement la conquête
du fort de Pénamunde, dont ils s'emparèrent
dans le mois de décembre.

Le comte de Saxe retourna enfuite à Drefde avec le roi fon père, qui, pour donner à
fes fervices une récompenfe conforme à fon
goût, lui permit de lever un régiment de cavalerie. On ne peut exprimer la joie que cette
permiffion donna au jeune comte, ni la vivacité
avec laquelle il fe livra à former un corps qu'il
entreprit de rendre le plus brillant que l'on eût
encore vu.

Le roi de
Pologne lui
permet de
lever un ré-
giment.

On

On entroit alors dans le carnaval. Ce n'étoit que fêtes & réjouiffances à la cour de Drefde. Le nouveau colonel, quoique très-amateur des plaifirs, n'en connut d'autres, pendant tout l'hyver de cette année, que de lever des hommes, de les difcipliner; & fur-tout de les former à un exercice fingulier, que fon expérience & fes réflexions lui faifoient regarder comme le plus avantageux pour faire la guerre avec fuccès.

Dès que la faifon permit de reprendre les armes, les rois de Pologne & de Danemarck fe mirent en campagne pour recommencer les hoftilités fur les états fuédois. Le comte de Saxe, à la tête de fon nouveau régiment, fe rendit dans le duché de Brême qui devoit être le théatre de la guerre. Ce fut là qu'il vit, avec une fatisfaction que les feuls amateurs peuvent imaginer, des foldats nouvellement formés, exécuter cependant, avec une exactitude & une précifion admirable, les évolutions les plus difficiles : auffi braves que difpos dans les exercices, ils firent des prodiges de valeur au fiége de Stade, place importante du duché de Brême. 1712.

Les armes des deux rois ne furent pas fi heureufes dans le duché de Meckelbourg, où ils

pasfèrent enfuite. Après y avoir eu d'abord
quelques avantages, ils furent battus à Gadel-
bush par le comte de Steinbock général fuédois.
La victoire fut longtems difputée ; dix mille
hommes reftèrent fur la place tués ou bleffés ;
mais enfin le champ de bataille demeura aux
Suédois. Le comte de Saxe y eut un cheval
tué fous lui : fon régiment fit des merveilles qui
attirèrent au colonel & aux cavaliers les plus
grands éloges, de la part même des ennemis ;
mais cette bravoure leur fut funefte, il en périt
un grand nombre, tant d'officiers que de foldats.

Cette dernière bataille fe donna le 20 de décembre 1712. Le roi Augufte ayant réuffi à remonter fur fon trône de Pologne, travailla à
s'y affermir en portant toute fon attention fur
l'intérieur de fes états. Il put s'y livrer d'autant
plus facilement, qu'il fut quelque tems fans être
obligé d'avoir les armes à la main.

Le comte de Saxe, qui étoit retourné à Drefde auprès du roi, s'occupa du foin de remonter fon régiment en hommes & en chevaux, &
de leur faire faire l'exercice, fur la perfection
duquel il portoit toutes fes vues.

Il fe diftin-
gue à la ba-
taille de Ga-
delbush dans
le Mecklel-
bourg.

Ce fut durant le cours de ce calme que ma- 1713.
dame de Konifmarck penfa à le marier. Le
comte de Saxe, qui partageoit fon tems entre
les armes & la galanterie, ne fentoit nul goût
pour un engagement durable : il témoigna fa
répugnance affez hautement. Cependant la jeu- Il fe marie.
neffe, les attraits, la naiffance & les richeffes
de la comteffe de Loben, que fa mère lui def-
tinoit, parurent ébranler fon inconftance; & il
fe décida enfin tout-à-fait, lorfqu'il fçut qu'elle
s'appelloit *Victoire*. Ce nom fi flatteur pour un
guerrier, ne lui permit plus de balancer fur le
parti qu'il devoit prendre.

Le mariage fe fit avec une magnificence digne de la fomptuofité de la cour de Drefde,
qui eft une des plus galantes de l'Allemagne.

On efpéroit, à l'égard des deux époux, que
cette alliance auroit les fuites les plus heureufes : cependant le dégoût fuccéda bientôt aux
plaifirs, & leur union ne fut pas de longue
durée.

Un peu d'abfence eût peut-être remédié à ce
dégoût naiffant; mais malheureufement ils eurent près de deux années de fuite à paffer enfemble : c'en étoit beaucoup trop pour des

caractères qui ne se convenoient pas.

Vers la fin de 1714, on parla de reprendre les armes contre les Suédois. C'étoit la nouvelle la plus intéressante que le comte de Saxe pût apprendre, dans la position où il se trouvoit. Charles XII venoit de quitter les états du grand seigneur, pour retourner dans les siens. Il s'étoit rendu à Stralsund le 21 de novembre; & avoit commencé par en faire réparer en diligence les fortifications, pour se mettre en état de défense.

Les puissances ennemies de ce prince se réunirent alors, & projettèrent de marcher promptement contre lui, pour l'attaquer avant qu'il eût mis la dernière main aux travaux de la place.

Le roi de Pologne fit passer promptement des troupes en Poméranie, sous les ordres du comte de Walkerbath; & nomma le comte de Saxe pour servir sous ce général à la tête de son régiment. Jamais commission ne fut acceptée avec plus de joie. L'envie extrême qu'il avoit de voir de près Charles XII, & de combattre ce jeune héros qu'il admiroit, lui fit prendre promptement toutes les mesures nécessaires pour que fes équipages fuffent bientôt prêts. Son régiment & un détachement de quinze cent Pruffiens eurent ordre de fe rendre en diligence auprès d'Ufedom, petite ifle de la Poméranie royale, que l'on devoit attaquer d'abord. Il alla le joindre vers la fin du mois de janvier ; & fit fa route, n'ayant avec lui que cinq officiers de fon régiment & environ douze domeftiques.

*Il retourne en Poméranie.*

*1715.*

Cette mince efcorte ne l'empêcha pas de tenir tête à un parti confidérable, auquel il eut le bonheur d'échapper, après avoir fait la défenfe la plus brave. Ce fut dans un bourg, appellé Crachnitz, que fe paffa cette affaire. Les ennemis ayant été avertis que le comte étoit arrivé très-tard dans une auberge de ce bourg, & que le maréchal comte de Fleming étoit avec lui ; ils détachèrent un parti de deux cens dragons & de fix cent cavaliers, pour les enlever l'un & l'autre.

*Un parti vient pour l'enlever dans une auberge du bourg de Crachnitz.*

Il étoit déjà tard, on fe préparoit à fouper ; & le comte alloit fe mettre à table, lorfqu'on vint lui annoncer qu'on avoit vu entrer beaucoup de cavalerie dans le bourg, & qu'elle s'avançoit du côté de l'auberge. Il prit à l'inftant fon parti, fit barricader les portes ; & n'ayant pas auprès de lui aſſez de monde pour défendre les différens corps de logis qui étoient ſéparés les uns des autres, il abandonna la cour, & ſe retrancha dans le corps de logis qui étoit ſur la porte. Il y poſta trois ou quatre hommes dans chacune des chambres qui y répondoient, & leur ordonna d'en percer les planchers. Tout cela fut exécuté en peu de tems. Une écurie voiſine lui ayant paru un poſte aſſez commode, pour qu'il pût, de cet endroit, faire entendre ſes ordres, & donner du ſecours à ſes gens, il s'y plaça avec le peu de monde qui lui reſtoit.

Le parti ennemi étant arrivé à l'auberge, les portes furent bientôt enfoncées, & l'on ſe diſpoſa à entrer : mais les gens du comte, qui étoient dans les chambres au-deſſus du paſſage, plongèrent à coup de baïonettes ſur ceux qui voulurent entrer ; & les corps de ceux qui furent tués, dans ce paſſage, formèrent une barricade qui empêcha d'entrer ceux qui ſuivoient.

L'officier qui commandoit imagina de ſe faire jour dans l'auberge d'une autre manière. Il fit monter des ſoldats par les fenêtres dans les chambres plus éloignées : mais le comte, qui s'en apperçut malgré l'obfcurité de la nuit, prît fur le champ la téméraire réfolution de monter dans ces chambres avec fa fuite, & de tomber fur les affiégeans. Cela fut exécuté avec une intrépidité furprenante. Il entra le premier dans l'une de ces chambres, l'épée d'une main & le piftolet de l'autre, fit main baffe fur ce qui fe trouva devant lui; fa fuite fuivit fon exemple avec tant de chaleur, que ceux qui ne tombèrent point fous les premiers coups, furent trop heureux de s'échapper en fe jettant par les fenêtres. On entreprit une feconde efcalade qui fut auffi malheureufe que la première. La vivacité de cette réfiftance fit croire au commandant du parti qu'il y avoit dans l'auberge plus de monde qu'on ne lui avoit dit: il réfolut dès-lors de ne plus expofer fes foldats. Il fe contenta de former le blocus de l'auberge, & d'attendre que le jour parût pour attaquer avec avantage.

Le comte voyant que les attaques étoient rallenties, fe douta du deffein : il raffembla fon monde, & tint fur le champ un petit confeil de guerre, dans lequel il repréfenta qu'il n'y avoit d'autre moyen de fe tirer d'un pas auffi dangereux, qu'en brufquant une fortie dès cette même nuit ; qu'il falloit fe faire jour l'épée à la main à travers les ennemis, qui fe trouvant en fi grand nombre contre une poignée de mon-de, ne feroient pas une garde bien exacte ; qu'enfin il efpéroit pouvoir tomber à l'impro-vifte fur une de leurs arrières-gardes, laquelle, ne s'attendant à rien, feroit bientôt défaite ; & qu'ils auroient le tems de gagner un bois peu éloigné du bourg, pour affurer leur retraite.

Extrémité où il fe trou-ve réduit.

Il falloit, en effet, prendre ce parti ou fe rendre prifonniers, car il ne s'agiffoit plus de fe défendre: les munitions étoient confommées. Ils avoient encore de la poudre, mais point de balles, el-les leur avoient même manqué de bonne heure; mais, au lieu de plomb, ils avoient em-ployé des cloux, de l'argent monoyé; enfin ils avoient fait ufage de tout ce que leur imagi-nation avoit pu leur fuggérer dans une circonf-tance auffi critique.

Quelqu'étonnante que pût être la propofition du comte, elle fut cependant acceptée. Il for-tit avec tout fon monde; car il n'avoit pas per-du un feul homme dans tout ce tumulte ; lui feul avoit reçu un coup de feu dans la cuiffe

Il eft bleffé.

dont

dont il s'eft reffenti toute fa vie : mais alors il ne s'apperçut que légèrement de fa bleffure. Toutes fes idées fe portèrent à franchir le paffage projetté.

Il fe fit avec tout le fuccès qu'il pouvoit defirer. Ce que le comte avoit prévu arriva. Il donna, avec fa petite troupe, dans une garde, qui, ne fe défiant de rien, avoit mis pied à terre pour fe repofer. Ils firent main baffe deffus, fans leur donner le tems de tirer un coup de fufil ; & prenant enfuite autant de chevaux qu'ils en avoient befoin, ils s'éloignèrent à toutes brides, & arrivèrent avant le jour à Sandomir, capitale du palatinat du même nom, où il y avoit une garnifon faxone.

*Il échappe enfin au parti qui vouloit l'enlever.*

Ce fut là qu'ils commencèrent un peu à refpirer. Le comte s'y fit traiter de fa bleffure : mais comme il étoit preffé de fe rendre au gros de l'armée faxone, il ne prit pas toutes les précautions néceffaires : il partit en diligence pour fe mettre à la tête de fon régiment. Dès fon arrivée, il prit part à toutes les opérations de la campagne. Il fut même commandé en particulier pour aller attaquer l'ifle d'Uzedom. Il partit le premier août pour s'y rendre ; & il

*Il fe rend à l'armée faxone.*

*Il s'empare de l'ifle d'Uzedom.*

TOME I.

c

s'en empara dans l'efpace de quinze jours. Après cette expédition, il alla rejoindre la grande armée qui fe préparoit à faire le fiége de Stralfund, place qui joignoit à l'avantage de fes fortifications, celui d'être défendue par le roi de Suède en perfonne.

Siége de Stral...d.

Le comte s'expofe dans les endroits les plus dang.-:eux, pour v. ir Charl s XII.

Dans les différentes attaques qui fe livrèrent, le comte de Saxe étonna les officiers & les foldats, par l'audace avec laquelle il fe porta dans tous les endroits où le péril étoit le plus évident ; & cela pour fatisfaire l'envie extrême qu'il avoit de voir de près Charles XII. Comme ce monarque ne connoiffoit aucun ménagement pour fa perfonne, c'étoit véritablement dans les endroits où l'action étoit la plus vive qu'il falloit l'aller chercher. Le comte vit enfin ce jeune héros au milieu de fes grenadiers, défendant un ouvrage, animant fes foldats de la voix & de l'exemple, faifant des prodiges de valeur, & s'expofant au feu & au carnage avec la plus grande intrépidité. La fermeté de

Impreffion que lui fait la bravoure d'u roi de Sude.

la contenance de ce prince fit, fur le jeune comte, l'impreffion la plus vive. Il redoubla d'eftime pour ce monarque ; & il conferva toujours pour fa mémoire la plus grande vénération.

Stralfund fut emportée. Après cette conquête, les troupes prirent leurs quartiers. Il étoit
tems de penfer à leur donner quelque repos;
cette expédition s'étoit faite au fort de l'hyver,
& la faifon devenoit de plus en plus impraticable. On comptoit l'année fuivante reprendre
les armes avec une nouvelle vigueur : mais le
roi de Suède ayant laiffé entrevoir quelque difpofition à entendre parler de paix, on fufpendit
toute hoftilité.

Le comte de Saxe profita de cet intervalle 1716.
pour faire différens voyages, tant en Ruffie
qu'en Pologne & en Pruffe, & retourna enfuite
à Drefde, où il eut, prefqu'en arrivant, un violent fujet de chagrin qui penfa avoir de funeftes
fuites.

Le miniftre principal du roi électeur haïffoit
depuis longtems la comteffe de Konigfmarck ;
& cette haine, par contre-coup, s'étendit jufqu'à fon fils, & parut s'accroître encore à mefure que le jeune comte augmentoit en gloire
& en réputation. Ne pouvant le perdre, il chercha du moins à lui donner du chagrin; & il
s'y prit par l'endroit qui pouvoit le toucher le
plus fenfiblement. Il profita de l'empire qu'il

avoit fur l'efprit du roi, pour l'engager à faire quelque changement dans fes troupes. Les raifons d'état ne manquent jamais à un miniftre qui veut nuire ou favorifer : ainfi il fut écouté ; & bientôt l'on apprit, entr'autres change-

Son régiment eft réformé.

mens, que l'on avoit réformé deux régimens de cavalerie, celui du comte de Saxe, & celui du prince Louis de Wirtemberg. Ce dernier avoit auffi part dans la haine du miniftre.

Le comte de Saxe ne fut pas plutôt informé de cette affligeante nouvelle, qu'il courut chez le roi répandre toute l'amertume de fon fiel contre l'auteur de fa difgrace : la colère l'empêchant de mettre du choix dans fes expref-

Il fe plaint trop vivement au roi.

fions, il déclama contre le miniftre, & dit bien des vérités qui font ordinairement des crimes puniffables, lorfqu'elles regardent un favori. Enfin, ne fe poffédant plus, il s'avança jufqu'à dire au roi que, fi fa majefté ne lui rendoit pas juftice, il fçauroit bien fe la faire à lui-même, à quelque prix que ce fût.

Le roi lui laiffant évaporer toute fa bile, parut l'écouter affez tranquillement : &, du même fang-froid dont il l'avoit entendu, il

Réponfe du roi.

lui dit, fur la menace qu'il venoit de proférer, qu'il pourroit bien, après de tels propos, aller coucher au château de Konigſtein *. Le jeune comte, ſans répliquer un mot, fit une profonde révérence, & courut du même pas aux écuries du roi, y prit un des plus beaux chevaux de ſa majeſté, & alla à toutes brides ſe réfugier dans une terre, à vingt lieues de Dreſde.

*Le comte ſe retire à vingt lieues de Dreſde.*

Cette terre appartenoit à la comteſſe de Saxe, elle l'habitoit alors: c'en fut aſſez pour que ce ſéjour déplût ſouverainement au comte. Il y reſta néanmoins pendant cinq jours; mais, le ſixième, il envoya un exprès à madame de Konigſmarck, pour lui expoſer l'état violent où il ſe trouvoit. Il lui écrivit, en propres termes, qu'il aimoit encore mieux être enfermé au château de Konigſtein, que de reſter encore huit jours où il étoit; & il termina ſa lettre par la ſupplier de parler au roi en ſa faveur, & de faire ſa paix avec ce prince.

La négociation ne ſouffrit point de difficulté. Le roi de Pologne avoit toujours conſervé beaucoup de conſidération pour madame de Konigſmarck; il aimoit tendrement ſon fils: ainſi la paix fut bientôt conclue. Le comte re-

*Madame de Konigſmarck fait ſa paix avec le roi.*

* Château où l'on enferme les priſonniers d'état.

vint à la cour, d'où il eut la permiſſion de partir peu après pour aller en Hongrie, où l'empereur, qui venoit de déclarer la guerre aux Turcs, avoit déjà envoyé une armée de cent cinquante mille hommes ſous les ordres du prince Eugène.

Le roi de Pologne, en lui permettant de partir, lui fit faire un équipage des plus riches; mais le jeune comte n'eut pas la patience d'attendre qu'il fût prêt : il prit les devans, & ſe rendit au camp de Belgrade, où il trouva raſſemblé un nombre conſidérable de princes & de ſeigneurs des différentes cours de l'Europe, qui étoient accourus pour ſervir dans l'armée impériale.

*Le comte va ſervir en Hongrie, contre les Turcs.*

Le comte de Charolois, prince du ſang de France, qui étoit arrivé des premiers, s'y diſtingua par ſa bravoure & ſa magnificence. Le comte de Saxe lui ayant été préſenté par le prince Eugène, la conformité des caractères forma entr'eux une liaiſon, qui renouvella dans le cœur du jeune Saxon le deſir qu'il avoit de s'attacher à la France : & il le ſatisfit peu après, en paſſant au ſervice de cette couronne.

Jamais général ne s'étoit vu une cour auſſi brillante que le fut alors celle du prince Eugène : mais, d'un autre côté, ce ne fut pas un petit embarras pour lui d'avoir à contenir une jeuneſſe impétueuſe qui brûloit d'envie de ſe diſtinguer. Le plus âgé avoit environ vingt ans. Une vive émulation règnoit parmi eux; nul ne connoiſſoit le danger; chacun vouloit avoir part aux entrepriſes les plus haſardeuſes.

Le prince, qui ne vouloit point expoſer des têtes auſſi précieuſes, chercha à les contenir, en leur donnant les leçons que lui dictoient ſon expérience & ſa profonde connoiſſance de l'art militaire. Mais, ne comptant pas trop ſur le profit que cette bouillante jeuneſſe pourroit faire de ces leçons, il chargea en particulier deux officiers généraux, des plus expérimentés, de les accompagner par-tout, & de veiller ſur eux. Tout cela fut inutile. Ces illuſtres volontaires ſe livrèrent aveuglément à ce que leur ardeur leur inſpiroit : & ayant réſolu de nétoyer le rivage du Danube des troupes qui empêchoient les approches de Belgrade, ils franchirent le paſſage de ce fleuve à la vue des ennemis, les chaſsèrent du terrein qu'ils occupoient ; & cette entreprife téméraire fut caufe que l'on fit le fiége de Belgrade bien plutôt qu'on ne l'efpéroit.

Les attaques furent interrompues par l'armée mahométane, qui vint livrer bataille aux Impériaux le 26 août. Le prince Eugène remporta une victoire complette, qui décida du fort de la place. Le lendemain 17, le commandant de Belgrade demanda à capituler ; &

le 22, la ville fut remife aux Impériaux. Les princes & tous les feigneurs volontaires prirent alors congé du prince Eugène. Il n'y eut que le comte de Charolois & le comte de Saxe qui reftèrent des derniers, efpérant toujours que les Turcs feroient encore quelques tentatives, où ils auroient occafion de fe diftinguer.

Ils ne partirent que lorfqu'ils virent les conférences entamées pour la paix. Le comte de Saxe retourna trouver le roi de Pologne, qui

tenoit alors fa cour à Frawenftat. Il y arriva au commencement de 1718, & y reçut l'ordre de

Le roi lui
donne l'or-
dre de l'ai-
gle blanc.

l'aigle blanc.

Il retrouva à la cour la comteffe de Saxe : ce n'étoit point elle qu'il y cherchoit. Le dégoût parut augmenter par la préfence de l'objet. Elle-
même

même y contribua par les reproches trop fouvent réitérés qu'elle faifoit à fon mari fur fes
infidélités. Elle ne devoit plus en être furprife : le
comte de Saxe fut toujours affez fans façon fur
ce point : peu capable de fe fixer, il alloit d'objets en objets, & donnoit chaque jour de nouvelles preuves de fon inconftance. Le roi entreprit en vain de le raccommoder avec fa
femme ; madame de Konigfmarck, qui avoit
été la caufe de ce mariage, y employa auffi
tous fes foins : ces follicitations, fi fouvent re-
doublées, n'eurent d'autre effet, que de le re-
buter à un point, qu'il prit le parti de paffer
en France.

Il paffe en France.

Il fut préfenté au duc d'Orléans régent, qui 1719.
le connoiffoit déjà de réputation, fur le compte
que lui en avoient rendu les princes & les feigneurs qui avoient fait la campagne de Hongrie. Le duc d'Orléans lui fit l'accueil le plus
obligeant : & dès que le comte lui eût parlé
de l'envie extrême qu'il avoit de s'attacher au
fervice de France, le prince auffi-tôt lui offrit
de l'emploi.

Senfible aux offres de fon alteffe, le comte
lui repréfenta que, n'étant pas maître de fa

TOME I.          *d*

perfonne, il ne pouvoit prendre de parti qu'avec l'attache du roi de Pologne. Il ajouta, que pénétré des bontés de fon alteffe royale, il alloit fe rendre à Drefde, pour obtenir du roi fon père une permiffion qui faifoit l'objet de fes defirs. Le duc d'Orléans le mit à portée d'obtenir ce qu'il fouhaitoit. Il lui fit expédier fur le champ un brevet de maréchal de camp, comptant bien que cette faveur feroit une puiffante follicitation auprès du roi de Pologne, pour permettre à fon fils de s'établir dans un royaume où tout fembloit l'affurer de fon avancement.

*Le duc d'Orléans lui donne un brevet de maréchal de camp.*

*1720.* Le roi de Pologne fit quelques difficultés ; le comte de Saxe n'eut pas de peine à les réfoudre. Il fut aidé, dans cette occurrence, par le miniftre favori, qui, ayant de fortes raifons pour éloigner le comte de la cour de Drefde, s'employa avec chaleur pour déterminer le roi à lui accorder ce qu'il fouhaitoit. Une dernière objection du monarque regardoit la comteffe de Saxe. Le roi repréfenta au comte que cette dame pourroit bien ne pas confentir à s'expatrier pour le fuivre. Il répondit qu'il n'avoit nullement deffein de lui en faire la propofition : il profita mêmé de cette circonftance , pour exagérer fes dégoûts ; & fupplia très-inftamment fa majefté de lui permettre de prendre toutes les mefures poffibles pour s'en féparer par une caffation de mariage contre laquelle il n'y eût plus à revenir.

Le roi lui accorda toute permiffion : & dès lors il ne tarda pas à exécuter fon deffein. Il avoit déjà confulté les plus habiles jurifconful-tes de la communion d'Aufbourg, dont il étoit, auffi bien que fa femme. Mais, felon les loix, le divorce ne pouvoit avoir lieu que dans le cas de preuve d'adultère contre l'un ou l'autre. D'un autre côté, l'adultère, bien prouvé, étoit un crime capital qui emportoit peine de mort contre celui qui en étoit convaincu. Ces obf-tacles ne lui causèrent nul embarras, fûr de l'impunité d'une part ; & de l'autre, obtenant ce qu'il fouhaitoit paffionément, il ne vit plus de difficultés pour parvenir à fes fins.

Il s'agiffoit encore de faire agréer le tout à la comteffe, afin que, fur fa plainte, les juges puffent prononcer la féparation : il fe chargea encore de lever cette difficulté, comptant bien s'y prendre de manière à lui infpirer le même dé-

1721.
Il confulte pour faire caffer fon mariage.

goût qu'il avoit pour elle. A cet effet, il alla un jour la trouver dans une de ses terres; & affectant encore plus d'humeur & de mauvaises façons qu'il n'en avoit eu jusqu'alors, il réussit à la mettre en colère : on en vint aux reproches insultans. Le comte, pour les terminer, lui proposa une séparation : elle entra dans ses vues, & consentit par écrit à adopter toutes les voies possibles pour accélérer le divorce.

*Moyen dont il se sert pour y parvenir.*

Le comte, charmé du succès de sa négociation, la pria de se rendre dans quelque tems à Dresde : ce fut là que l'affaire fut entièrement terminée. Le comte fut surpris en adultère avec une des femmes de la comtesse ; six témoins apostés certifièrent le fait : il y eut

*Son mariage est cassé.*

plainte en conséquence, & le mariage fut cassé par un decret du sénat, qui, jugeant ensuite le comte en toute rigueur, le condamna à mort. Cette partie du decret fut annullée dès le jour même, par des lettres de grace que le roi son père lui accorda : le comte les trouva sous sa serviette, en se mettant à table pour dîner avec sa majesté.

Quelque tems après ce divorce, la comtesse

époufa un officier faxon, avec lequel elle a vécu en très-bonne intelligence. Elle eft morte depuis peu d'années, & a laiffé trois enfans. Elle en avoit eu un de fon premier mariage, mais il étoit mort quelque tems avant la fépa-ration.

Ce qu'il y eut de fingulier, de la part du comte, c'eft que, dès que cette dame ne fut plus fa femme, il la trouva plus fupportable. Il la voyoit même avec quelque plaifir; & dans les différens voyages qu'il fit dans la fuite à Drefde, il ne manquoit jamais de lui rendre vifite, & avoit pour elle les manières les plus polies.

Libre de tout embarras, muni d'une permif- fion du roi fon père pour s'établir en France, il s'y rendit au commencement de 1722 : & profitant de la paix qui règnoit alors entre cette couronne & les puiffances voifines, il travailla à fe perfectionner dans la théorie militaire; afin d'être plus en état de fervir la nouvelle pa-trie qu'il venoit d'adopter, lorfque l'occafion fe préfenteroit d'en venir à la pratique.

Son deffein étoit d'avoir le premier régi-ment étranger qui viendroit à être vacant : mais comme il y avoit apparence qu'il faudroit attendre longtems, il fatisfit fon impatience, en donnant prefque le double de la valeur d'un régiment allemand, qui portoit le nom de *Spaar*, & auparavant *Gredder*. Ce régiment prit alors le nom de fon nouveau colonel. On l'appelle aujourd'hui *le régiment de Bentheim*.

*Il achete un régiment étranger.*

**1723.**  Le tems du comte de Saxe fe trouva alors agréablement partagé entre les études férieufes du génie, des mathématiques, des fortifications, & le foin de donner une nouvelle forme à fon régiment. Toujours attaché à l'exercice qu'il avoit imaginé dès fa première jeuneffe, & qu'il avoit fait exécuter en Saxe avec tant de fuccès, il le fit prendre à ce nouveau corps; & il eut la fatisfaction de le voir approuvé par tout ce qu'il y avoit de connoiffeurs.

*Il fait prendre un nouvel exercice à fon régiment.*

Le chevalier Follard, officier de réputation, qui, par fa bravoure & fa bonne conduite, s'étoit déjà diftingué dans plufieurs occafions, travailloit alors à fon fçavant commentaire fur Polybe, dans lequel il compare la tactique moderne avec celle des anciens. Il lia connoiffance avec le comte, & fut plufieurs fois pré-

fent aux exercices qu'il faifoit faire à fes foldats. Charmé de l'exactitude & de la précifion
qu'il y remarquoit, & plus encore de l'ardeur
que le nouveau colonel paroiffoit avoir pour
fe perfectionner dans un art qu'il poffédoit déjà dans un degré éminent, il prévit dès lors
les fervices importans que le comte feroit en
état de rendre, dans les entreprifes dont on le
chargeroit.

Sentimens
du chevalier
Follard fur
l'exercice
imaginé par
le comte de
Saxe.

On voit, dans une de fes obfervations fur
Polybe, quel cas il faifoit de la nouvelle tactique. Après avoir parlé de l'avantage que pouvoient procurer différens exercices, il ajoute *:
*Ce que je viens de dire eft excellent ; mais il
faut encore exercer les troupes à tirer felon la
nouvelle méthode que le comte de Saxe a intro-
duite dans fon régiment : méthode dont je fais
grand cas, ainfi que de fon inventeur, qui eft un
des plus beaux génies pour la guerre que j'aie connu. L'on verra, à la première guerre, que je
ne me trompe point dans ce que je penfe.*

La difcipline de fon régiment, l'étude des
mathématiques, de la géométrie, de la méchanique, les plaifirs qu'offre Paris à un feigneur

* Commentaires fur Polybe, tom. III, liv. II, ch. xiv, §. 4.

jeune, d'une fanté à l'épreuve des accidens, & affez riche pour fatisfaire fes différens goûts; telles furent les.occupations qui remplirent le tems du comte jufqu'en 1726, qu'il penfa être enlevé à la France par un événement qui mérite d'être rapporté.

1726.

Le comte de Saxe ayant été faire un voyage à Drefde, fe rendit à Warfovie au commencement de 1726, avec le roi de Pologne, pour y prendre part aux fêtes du carnaval. Dans le cours des mouvemens tumultueux qu'occafionnoient les plaifirs, le comte reçut un jour la vifite du réfident que les états de Curlande

avoient à Warfovie, lequel lui communiqua un projet important pour fa fortune : c'étoit la fouveraineté même de Curlande, qu'on lui propofoit de la part des états du pays.

Ferdinand, alors duc de Curlande & de Sémigalle, qui étoit d'une complexion extrémement valétudinaire, avoit été à toute extrémité vers la fin de décembre 1725. La république de Pologne voulut profiter de cette conjon&ture pour éteindre cette fouveraineté à la mort de Ferdinand, & partager ce duché en différens palatinats, comme on avoit fait du duché de Mazovie.                                    Les

Les Curlandois, informés du projet du fénat, mirent tout en œuvre pour le rompre, & chargèrent de cette négociation un officier nommé Cafimir-Chriftophe de Brakel, capitaine major de Mittaw, homme fin & délié, qui ayant vu les obftacles qui empêcheroient fa négociation de réuffir, imagina d'engager les états de Curlande à pourvoir à la fucceffion éventuelle de Ferdinand, en faifant promptement l'élection d'un fujet qui eût affez de crédit pour foutenir fa nomination.

Le comte de Saxe lui parut être plus propre qu'aucun autre prince, pour l'objet qu'il fe propofoit. La haute réputation que ce feigneur s'étoit déjà faite dans les cours du nord, & la qualité de fils du roi de Pologne, devoient, felon lui, applanir toutes les difficultés. Il croyoit bien cependant que fa majefté polonoife parleroit d'abord felon les vues du fénat; mais auffi il efpéroit que le monarque ne s'oppoferoit que mollement à un établiffement fplendide pour un fils qu'il chériffoit tendrement; & que, d'un autre côté, le fénat s'en appercevant, auroit quelque déférence pour un monarque qu'il refpectoit.

TOME I.

On lui pro-
pofe la fou-
veraineté de
Curlande.

Brakel, après avoir bien médité fon projet, en fit part aux états de Curlande. On l'adopta : & ce même réfident fut chargé de le communiquer au comte de Saxe. La propofition fut très-bien reçue : mais le comte fit obferver qu'il ne pouvoit prendre de parti, fans en conférer avec le roi fon père. Il lui en parla, en effet, dès le même jour. Le monarque preffentant les obftacles qu'il faudroit vaincre, & les inconvéniens qui pouvoient d'ailleurs réfulter de cette élection, ordonna au comte d'attendre quelque tems pour répondre aux Curlandois ; &, dans l'intervalle, de ne prendre avec eux aucun engagement, & même de fufpendre toute correfpondance.

Cet ordre fut mal exécuté. Le comte fe familiarifant avec les idées de fouveraineté, commençoit à y prendre goût. D'un autre côté, fes amis, & Brakel fur-tout, le preffèrent fi vivement de profiter des conjonctures, qu'enfin il réfolut de fe prêter à ce qu'on fouhaitoit de lui. Il demanda la permiffion de faire un voyage en Ruffie, fous prétexte d'y veiller aux intérêts de madame de Konigf-marck, qui avoit quelques prétentions fur l'iſle de Moh, & ſe rendit à Mittaw *.

La ducheſſe douairière †, belle-ſœur du duc règnant, réſidoit alors dans cette ville. Cette princeſſe étoit dans le ſecret, & avoit pris parti pour le comte ; ſa préſence augmenta encore l'intérêt qu'elle prenoit à ſa fortune : elle lui promit de ne rien négliger pour faire réuſſir le projet. Le comte lui en témoigna toute ſa reconnoiſſance ; il affecta même de la paſſion : la ducheſſe y parut ſenſible ; & elle ſe flatta dès lors qu'en ſervant le comte, & l'épouſant par la ſuite, elle pourroit partager les honneurs d'une ſouveraineté dont elle avoit déjà joui. Dès-là, elle ſe donna tous les mouvemens néceſſaires pour arriver à ſes fins.

La ducheſſe
douairière
de Curlan de
e itre dans
intérêts.

Tout ſembloit annoncer une prompte réuſſite. La ducheſſe accéléra l'aſſemblée des états. Ils publièrent, dès le 22 de mai, des univerſaux, par leſquels ils indiquèrent une aſſemblée générale au 26 de juin, pour prendre des meſures ſur les moyens de conſerver à perpétuité

* Mittaw , ville du Sémigalle : c'eſt la réſidence ordinaire des ducs de Curlande.

† C'étoit Anne Iwanowna, ſeconde fille du czar Iwan-Alexiowitz, frère de Pierre le grand. Elle monta depuis ſur le thrône de Ruſſie.

*e ij*

les privilèges & les libertés du pays, & en général pour y ftatuer tout ce qu'on trouveroit de plus convenable pour le bien de la province.

Ces univerfaux, felon l'ufage, furent publiés au nom du duc règnant; mais ce prince, qui n'avoit point été confulté, fit le 4 de juin une proteftation folemnelle, & défendit que l'on tînt aucune affemblée fans fa permiffion.

Ce prince n'étoit point aimé : la dureté de fon gouvernement, quelques injuftices qu'on lui reprochoit, avoient aliéné les efprits de manière que l'on n'eut aucun égard ni à fa proteftation, ni à fes défenfes, & on fe prépara à lui donner un fucceffeur malgré lui. L'affemblée des états fe tint le 28 de juin : le

Le comte de Saxe eft élu duc de Curlande. comte de Saxe fut élu duc de Curlande & de Sémigalle; & huit jours après, le diplôme en fut expédié * en bonne forme.

Le comte de Saxe écrivit auffi-tôt au roi fon père, pour lui faire part de tout ce qui s'étoit paffé. Il notifia auffi fon élection au primat † de Pologne; & il accompagna fa lettre d'un

* Voyez à la fin du tome II, page 167.
† Ibid. page 172.

long mémoire figné de tous les principaux de la noblesse de Curlande, par lequel ils expofoient au roi & à la république les motifs qui les avoient guidés dans la conduite qu'ils avoient tenue.

Deux jours après l'expédition du diplôme d'élection, on vit arriver à Mittaw le prince Dolgoruki, qui demanda pour le lendemain l'assemblée de la régence de Curlande. Il y expofa, de la part de l'impératrice de Ruffie, le mécontentement qu'avoit fa majefté czarienne de ce que les états avoient voulu fe fouftraire à fa protection *, en faifant une élection fans l'avoir prévenue auparavant. Il ajouta que fa majefté czarienne ne confentiroit jamais à aucune élection, à moins que le choix ne tombât fur le duc de Holftein, ou fur le prince Menzikoff, ou enfin fur l'un des deux princes de Heffe.

On écouta avec beaucoup de refpect les propofitions de la czarine, mais on refufa d'y foufcrire. Les états repréfentèrent au prince

Oppofition à fon élection de la part de la czarine.

Réponfe des états de Curlande à l'oppofition de la czarine.

*Le duché de Curlande avoit été fous la protection de la Mofcovie, dans le tems qu'il faifoit partie de la Livonie: mais la Curlande ayant été ravagée par les Suédo's & les Mofcovites, cette province fe mit fous la protection du roi & de la république de Pologne.

Dolgoruki qu'ils ne reconnoiſſoient d'autre protection que celle du roi & de la république de
Pologne; que, dans l'élection qu'ils venoient de
faire, ils avoient uſé de leurs droits; que ce
feroit vouloir les en priver, que de leur faire
recevoir un ſouverain malgré eux; & qu'enfin, ſi l'on entreprenoit d'anéantir leurs privilèges à cet égard, les puiſſances voiſines
feroient elles-mêmes intéreſſées à les ſoutenir.

La czarine
deſtine ce
duché au
prince Men-
zikoff.

Quoique l'on eût déſigné, de la part de la
czarine, pluſieurs ſujets pour le duché de Curlande, ſon deſſein étoit cependant d'y faire
nommer le prince de Menzikoff, à l'excluſion
de tout autre. Ce prince s'y attendoit, & il
s'étoit même avancé juſqu'à Riga avec quelques troupes, pour agir de vive force, au cas
que le prince Dolgoruki ne reçut pas une réponſe ſatisfaiſante.

En effet, dès que ce dernier l'eut inſtruit de
la diſpoſition des états, il fit filer à Mittaw un
détachement de dix-huit cent hommes; & ar-

Menzikoff
vient à Mit-
taw.

riva peu après avec une eſcorte très-nom-
breuſe. Cet appareil fit peu d'impreſſion ſur
le comte de Saxe. Il alla voir ce prince, &

s'entretint avec lui fur l'objet de fon voyage.
La converfation s'anima : le prince faifoit valoir les droits de la Ruffie, le comte foutenoit
la légitimité de fon élection. Enfin on difputa
beaucoup, & l'on ne termina rien. Menzikoff
ne voulant ou n'ofant pas pouffer les chofes
aux extrémités, offrit de donner quelque tems
pour que les états fiffent leurs réflexions ; & il
partit de Mittaw, en proteftant que fi, dans dix
jours, il n'avoit point, de la part des états, une
réponfe telle qu'il avoit lieu de l'attendre, il
enverroit vingt mille Mofcovites vivre à difcrétion dans le pays.

Le comte
de Saxe con-
fère avec lui.

Le comte de Saxe n'étoit point en forces
pour empêcher l'effet de ces menaces : il réfolut néanmoins de faire bonne contenance, &
fut encouragé dans le parti qu'il prenoit par
les affurances que la nobleffe & la bourgeoifie
lui donnèrent, de prendre les armes pour fa
défenfe.

Dès les premières propofitions qu'on lui
avoit faites de l'entreprife où il fe trouvoit en-
gagé, le comte avoit bien prévu qu'il auroit
befoin d'argent & de troupes pour fe foutenir.
Auffi avoit-il pris fes mefures de loin, & il

Les amis du
comte s'in-
téreffent à
lui fournir
de l'argent
& des trou-
pes.

avoit trouvé dans fes amis & dans fes connoiffances des fecours confidérables. On ne doit
point oublier ici un trait généreux de la célèbre le Couvreur, une des plus excellentes ac-
trices qui aient paru au théâtre françois. L'at-
Trait géné-
reux de ma-
demoifelle
le Couvreur,
actrice célè-
bre.
tachement qu'elle avoit pour ce feigneur lui
fit faire le facrifice de fes diamans & de fa vaif-
felle, qu'elle mit en gages pour une fomme de
40000 liv. qu'elle lui envoya.

Il ne fut pas auffi aifé de lui fournir des
troupes. Tout ce qu'on put faire d'abord, ce
fut de raffembler un corps de dix-huit cent
hommes; mais comme la plupart étoient d'affez mauvais fujets, il en déferta une grande
partie, avant que l'on fût arrivé à Lubeck où
l'embarquement devoit fe faire : il ne refta de
cette levée qu'environ huit cent hommes, qu'il
eut bientôt formés aux exercices felon fa méthode.

Ce peu de troupes n'étoit pas encore arrivé
à Mittaw, dans le tems qu'il eut avec le prince
Menzikoff la difcuffion dont je viens de parler;
ç'auroit été peu de chofe pour oppofer aux
troupes que ce prince avoit menacé d'envoyer
vivre à difcrétion dans la Curlande : mais le
comte

# DE MAURICE, COMTE DE SAXE. xlj

comte en auroit du moins tiré un grand fecours dans une conjonĉture extrêmement critique où il fe trouva peu après. Le prince Menzikoff ayant apparemment fait réflexion qu'il feroit bien plus expédient pour fon deffein de fe faifir de fon rival, que de fe vanger fur la Curlande de l'élećtion qu'on en avoit faite, envoya à Mittaw un officier de confiance, à la tête d'un détachement de huit cent Ruffes, & le chargea de s'affurer de la perfonne du comte.

Le jour même que ce détachement entra dans Mittaw, le comte de Saxe avoit la tête occupée d'une nouvelle extrêmement défagréable. Il fçut que le roi & le fénat de Pologne défapprouvoient fon élećtion : le primat venoit de lui écrire à ce fujet; & il l'avertiffoit même que, quelque bonne volonté qu'il eût pour lui, il étoit obligé, par le devoir de fa charge, de lui être contraire, & de faire une proteftation folemnelle.

Le comte, frappé de cette lettre, réfléchiffoit fur les obftacles qui s'élevoient contre lui du côté de la Pologne, lorfqu'un bruit confus de troupes en marche le tira de fa rêverie. Il vit de fa fenêtre que c'étoit un corps de Mofcovites

TOME I. *f*

*Le prince Menzikoff cherche à fe faifir du comte de Saxe.*

*Un corps de Mofcovites inveftit la maifon du comte.*

qui filoient vers fa maifon ; & que quelques
autres s'étoient déjà emparé des maifons voifines. Il n'avoit alors avec lui qu'environ foixante perfonnes. Il ofa néanmoins, avec ce
peu de monde, tenir tête à ceux qui lui en vouloient. Après avoir promptement fait barricader les portes, il diftribua des armes à fes gens;
& , par la difpofition la mieux entendue, il
trouva moyen, non feulement d'arrêter les affiégeans, mais de leur tuer encore environ feize foldats, & d'en bleffer plus de foixante, du
nombre defquels fut l'officier qui les commandoit.

Celui-ci, outré de fa bleffure, & de la réfiftance d'une poignée de monde, fe prépara à
pouffer l'attaque : & il eft hors de doute qu'en
facrifiant encore quelques-uns de fes gens, il
auroit enfin forcé le logis du comte. Mais un
corps de troupes, qui parut pour le défendre,
empêcha que l'on ne pouſsât les chofes aux der-
nières extrémités : la ducheffe douairière de
Curlande ayant été informée de la pofition où
fe trouvoit le comte, fit marcher à fon fecours
toute la garde du palais. L'officier Ruffien
voyant arriver ce corps en ordre de bataille, ne

Il fait une
igoureufe
défenfe.

a ducheffe
uairière
Curlande
voie fes
rdes à fon
ours.

crut pas devoir expofer fes gens dans une affaire, qui ayant déjà commencé fi férieufement
pour lui, pouvoit enfin avoir des fuites encore
plus funeftes. Il fit retirer fon monde, & fortit
de la ville dès le même jour.

*Retraite des Mofcovites.*

La ducheffe prenant, comme on le voit, un
vif intérêt à ce qui concernoit le comte, voulut encore lui rendre un nouveau fervice. L'af-
faut qu'il avoit foutenu dans fon logis, la dé-
molition des planchers & des cloifons qu'il
avoit promptement fait jetter bas pour fe mettre
en défenfe, ayant rendu fa maifon abfolument
impraticable, elle lui fit prendre un appartement dans fon palais; & lui donna de plus,
en toute occafion, des preuves d'un attachement qui auroit pu fans doute lui affurer dans
la fuite la fouveraineté de la Curlande, & même le trône de Ruffie, s'il eût pu avoir pour
cette princeffe les mêmes fentimens qu'il lui
avoit infpirés.

*La ducheffe loge le com-te dans fon palais.*

Elle avoit pour lui des attentions, dont peut-
être fut-il excédé : car en tout il fe conduifoit
affez militairement; & on rifquoit de le fati-
guer par des démonftrations trop fouvent réi-
térées de ce qu'on fentoit pour lui. Tous

*Attentions de la ducheffe pour le comte.*

les matins, un page de la princeſſe ſe trouvoit à ſon lever, pour ſçavoir comment il avoit paſſé la nuit : peu après, un officier venoit prendre ſes ordres pour le courant de la journée. Avoit-il la moindre indiſpoſition ? tout étoit en allarme dans la cour de la princeſſe. Le comte n'étoit pas d'un caractère à s'amuſer de tant de ſoins : d'ailleurs, n'ayant aucun goût pour la ducheſſe, il étoit encore moins en état de ſentir tout le prix de ſes démarches.

Elle en fit de plus eſſentielles, qui auroient dû lui mériter toute la reconnoiſſance du comte, & l'engager à ſupporter patiemment les attentions, peut-être exceſſives, qu'elle avoit pour lui. Elle alla trouver le prince Menzikoff à Riga, pour l'engager à ſe déſiſter de ſes prétentions ſur le duché de Curlande : elle paſſa enſuite à Péterſbourg, où elle ſe donna tous les mouvemens poſſibles pour aſſurer l'élection du comte : enfin elle n'omit rien de ce qui pouvoit dépendre d'elle pour lui procurer une fortune qu'elle eſpéroit partager un jour avec lui. Le comte, de ſon côté, fit auſſi ſes repréſentations à la cour de Ruſſie ; & il écrivit à ce ſu-

Elle enga-
ge le prince
Menzikoff à
ſe déſiſter de
ſes préten-
tions ſur la
Curlande.

Elle va à
Péterſbourg
pour le mê-
me ſujet.

jet une lettre* bien capable de prévenir en fa faveur, & de faire abandonner la protection dont
cette cour appuyoit les follicitations du prince
Menzikoff. Sa lettre étoit adreffée au baron
d'Ofterman, confeiller privé de l'impératrice
de Ruffie.

Durant le cours de ces mouvemens, parut
une déclaration que le roi de Pologne fit fignifier au réfident de Ruffie à Warfovie. Sa majefté
polonoife fe plaignoit vivement des procédés
des Princes Menzikoff & Dolgoruki, qui avoient
de leur propre autorité fait avancer des troupes dans la Curlande. Cette déclaration fit fon
effet : le baron d'Ofterman donna auffitôt des
ordres, & les troupes ruffiennes évacuèrent cette
province.

Le roi de
Pologne fe
plaint de
l'entrée des
Mofcovites
en Curlande.

Ils ont or-
dre de fe re-
tirer.

Le comte de Saxe, charmé de la démarche
de fa majefté polonoife, commençoit à concevoir les plus belles efpérances; mais le principe qui faifoit agir le roi de Pologne étoit
également contraire à l'élection déjà faite, &
aux prétentions de ceux qui vouloient qu'on
en fît une autre. La Pologne avoit toujours
deffein d'éteindre la fouveraineté de Curlande,

* Voyez tome II, page 175.

& de divifer cette province en palatinats. Dès
là, on ne vouloit entendre parler d'aucune forte
d'élection.

Le fénat polonois, voulant terminer cette affaire fans qu'il pût déformais y avoir de retour,
indiqua une diète à Grodno, pour le 28 de
feptembre ; & fit un arrêté qui portoit que,
préalablement à aucune délibération fur le duché de Curlande, le roi de Pologne feroit
fupplié de rappeller le comte de Saxe, & d'annuller le diplôme de fon élection. Le fénat demanda même qu'il fût informé contre ceux qui
avoient contribué à le faire élire, ou qui lui
en avoient infpiré le deffein.

Le roi de Pologne, qui, au fond, n'auroit peut-
être pas été fâché de voir le comte de Saxe pourvu d'une fouveraineté, ne put néanmoins fe
difpenfer de fuivre les impreffions du fénat polonois; il avoit des raifons effentielles de ménager les efprits. Les intérêts du prince électoral, fon fils, devoient lui être plus chers que
ceux d'un fils naturel : & en protégeant celui-
ci contre le vœu de la nation, il rifquoit de
ruiner les efpérances que l'héritier de fes états
devoit avoir, de fuccéder en même tems à une

couronne, qu'on ne pouvoit posséder que par le choix de cette même nation.

Il écrivit donc au comte de Saxe conformément aux vues du sénat. La première lettre, qui est du 11 octobre, demeura sans réponse. Le roi en écrivit une seconde le 18 du même mois. Le comte répondit * à celle-ci avec beaucoup de respect; mais en assurant qu'il n'obéiroit pas.

Sa majesté polonoise écrit à ce sujet au comte, qui répond point.

Seconde lettre à laquelle il répond.

Après une réponse aussi précise, on ne crut pas devoir user d'aucun ménagement. Le roi donna, le 26 octobre, un diplôme revêtu de toutes les formalités, par lequel il déclaroit, que le duché de Curlande devant rentrer sous la dépendance de la couronne, & des états de Pologne & du grand duc de Lithuanie, il n'accorderoit jamais l'investiture à aucun prince élu. Il ordonnoit de plus au comte de Saxe de sortir au plutôt des terres de ce duché, & de rapporter à la diète, qui se tenoit actuellement, le diplôme de son élection, & tous les actes qui avoient pu être faits en sa faveur, dans une assemblée qui avoit été tenue contre les loix.

Diplôme du roi, contre l'élection du comte.

Il est mandé à la diète.

* Voyez tome II, page 236.

Il n'y com-
paroit point
& est mis
au ban du
royaume.

Le comte n'ayant point comparu, fut mis au ban du royaume. La diète nomma des commiſſaires pour la recherche de ceux qui avoient eu part à la convocation des états de Curlande; & enfin on prononça la réunion de ce duché à la Pologne. Tout cela fut énoncé dans un acte du 9 de novembre, veille de la clôture de la diète de Grodno.

Le comte de
Saxe prend
des meſures
pour ſe ſou-
tenir en
Curlande.

La vigueur de ce procédé mit le comte dans le plus cruel embarras. Cependant, malgré tant d'obſtacles, il réſolut de tenir ferme, & de prendre les meſures les plus efficaces pour ſoutenir ſon élection. Ses finances commençant alors à diminuer conſidérablement, il ſe rendit en Saxe *incognito*, y ramaſſa le plus d'argent qu'il lui fut poſſible, & retourna à Mittaw où il ſe forma une garde de trois cent hommes, dans le deſſein de tenir juſqu'à la dernière extrémité.

1727.

Le roi de
Pologne
donne de
nouveaux
ordres au
comte de
Saxe, pour
abandonner
la Curlande.

Une réſiſtance auſſi marquée indiſpoſa le roi de Pologne. Ce prince, qui ne vouloit point paſſer pour agir mollement dans une affaire auſſi intéreſſante pour une nation qu'il vouloit ménager, écrivit au comte de Saxe plus fortement qu'il n'avoit encore fait : il lui ordonna de ſortir

au

au plutôt de Curlande, & d'aller en France joindre le régiment dont il étoit pourvu.

Ces derniers ordres furent aussi mal exécutés que les précédens. Toujours occupé de son objet principal, le comte se donna des mouvemens incroyables, pour vaincre les difficultés qui naissoient de toutes parts. Cela occasionna des voyages, des négociations, des dépenses qui demandoient qu'il fût toujours en action, afin de pourvoir à tout. Un voyage qu'il fit secretement à Leypsick rétablit un peu ses finances, qui étoient extrémement diminuées : mais il n'en fut pas pour cela plus tranquille. En butte aux Polonois d'une part, & aux Moscovites de l'autre, il y avoit des partis en campagne pour s'assurer de sa personne; de sorte qu'il ne put regagner Mittaw qu'à travers mille dangers, & toujours à la veille d'être arrêté.

Il tente en vain de s'y soutenir.

Voyant enfin que tout se déclaroit contre lui, & qu'il n'étoit pas même en sureté à Mittaw, il prit congé de la duchesse de Curlande, & se retira à Konigsberg, pour y attendre des nouvelles de quelques négociations qu'il avoit entamées dans différentes cours de l'Europe. De là, il passa à Libau : ses gardes & sa maison

Il sort enfin de Mittaw, & se retire à Konigsberg.

TOME I.

g

Il paſſe dans l'iſle d'Uſmaiz, & travaille à s'y fortifier.

étant venu l'y joindre, il ſe rendit le 8 août dans l'iſle d'Uſmaiz. Son premier ſoin fut de ſe fortifier, & de raſſembler promptement des munitions de guerre & de bouche, pour être en état de faire une vigoureuſe réſiſtance, au cas que l'on prétendît le forcer.

Les Moſcovites demandent aux Curlando's qu'ils ſe déſiſtent de l'élection du comte de Saxe.

On s'y préparoit, en effet : les nouvelles qu'il reçut alors lui donnèrent lieu de craindre d'avoir bientôt les Ruſſiens ſur les bras. Laſci & Bibikoff, deux de leurs généraux, venoient d'arriver à Mittaw, & avoient promis aux principaux conſeillers de la régence de Curlande d'engager la Pologne à ſe déſiſter de l'incorporation de la Curlande & de ſa diviſion en palatinats, pourvu que, de leur côté, ils renonçaſſent ſolemnellement à l'élection qu'ils avoient faite du comte de Saxe pour leur ſouverain.

Le chancelier & le grand maréchal de Curlande ayant demandé du tems pour délibérer, ils envoyèrent ſur le champ deux députés au comte de Saxe, pour l'informer de ce qui ſe paſſoit, & lui demander ſon avis en conſéquence : mais le comte ne répondit rien. Comme le tems preſſoit, & que les généraux ruſſiens vouloient abfolument avoir une réponfe de fa part, avant que d'entreprendre d'empêcher l'exécution des deffeins de la Pologne fur la Curlande, comme ils en étoient chargés, ils réfolurent d'aller eux-mêmes conférer avec le comte de Saxe.

Ils firent d'abord filer quelques troupes vers le lac d'Ufmaiz ; puis Bibikoff s'étant rendu auprès du comte, lui expofa le fujet de fon voyage. Le comte, ufant de diffimulation, lui avoua que, fe fentant trop foible pour tenir contre tous les obftacles qui naiffoient chaque jour, il avoit enfin pris la réfolution de renoncer à fes engagemens ; mais que, pour l'exécuter convenablement, il vouloit être fûr d'une retraite honorable, & que d'ailleurs il lui falloit au moins dix jours pour mettre ordre à fes affaires & retirer fes effets. Mais le tems que demandoit le comte n'étoit point deftiné pour faire une retraite ; il vouloit, au contraire, l'employer à fe fortifier, & mettre la dernière main aux ouvrages qu'il faifoit faire.

Le général Lafci s'en douta, fur le récit que Bibikoff lui fit de fa conférence avec le comte ; & dès lors, il réfolut de brufquer l'aventure &

*Un général mofcovite va conférer avec le comte dans fon ifle.*

*On fe propofe le furprendre.*

de le furprendre. Il voulut effayer d'abord de le tirer hors de fon ifle; & lui envoya à cet effet un trompette, pour l'inviter à une entrevue dans un endroit qu'il lui indiqua. Le comte de Saxe refufa de s'y rendre, & fit dire au général ruffien que, s'il vouloit lui parler, il pouvoit fe donner la peine de venir lui-même, mais feul & fans aucune efcorte. On va voir qu'il avoit de juftes raifons de fe défier du Mofcovite.

Lafci confentit à l'aller trouver. Il parut feul, à la vérité : mais le comte fut informé que le Ruffien avoit fait occuper un pofte peu éloigné par un corps de douze cent hommes qui avoient ordre de marcher à lui au premier fignal. Il fçut auffi qu'il y avoit d'ailleurs près de trois mille hommes un peu plus loin. Irrité d'un procédé auffi indigne, le comte lui parla avec une hauteur & une fermeté qui penfa faire perdre contenance au Ruffien. Il lui dit, entr'autres chofes, que, s'il n'étoit pas plus généreux que lui, il le poignarderoit fur le champ, pour le punir d'avoir ofé, ayant quatre mille hommes de troupes, employer la trahifon contre un homme qui n'en avoit que trois.

Fermeté du
du comte
vis-à-vis du
général Laf-
ci.

cent. L'entrevue fe termina à ces reproches : le comte lui tournant le dos , refufa de conférer fur le refte.

Lafci fut tellement interdit, qu'il ne repliqua rien : il n'ofa pas même pouffer les chofes auffi loin qu'il auroit pu , étant en forces. Il fe retira donc , & envoya ordre à fes douze cent hommes de fe retirer auffi. Il fit cependant dire au comte, qu'il ne lui donnoit que vingt-quatre heures pour faire fa retraite ; & que , ce tems expiré , il ne devoit plus s'attendre à avoir aucun quartier. Cette fcène fe paffa le 18 août 1727.

Le comte fe voyant à la veille d'être accablé par le nombre, fans pouvoir fe mettre en état de fe défendre , parceque fes retranchemens ne pouvoient pas être finis en fi peu de tems, réfolut enfin de quitter fon ifle ; mais , dans cette extrémité, confervant encore les fentimens & le ton de fouverain, il fit fignifier aux Curlandois un refcript * par lequel il ordonnoit à tous qui étoient en état de porter les armes, de venir promptement le joindre, pour recevoir fes ordres.

Le comte donne un refcript pour inviter les Curlandois à venir le joindre.

* Voyez tome II, page 191.

Il se retire d l'ile d'Uf-maiz.

Le lendemain dix-neuf, il se retira secrette-ment de l'isle; & indiqua à ses gens un rendez-vous, où il leur ordonna de venir le trouver, après qu'ils auroient mis ordre aux effets qu'il laissoit : mais les Russiens ne leur en donnèrent pas le tems. Ils entrèrent dans l'isle, s'emparè-rent de tous les bagages du comte, & firent ses gens prisonniers. Du reste, on les traita avec beaucoup d'égards; & l'isle même où ils étoient leur servit de prison.

Les Mosco-vites saisis-sent ses ef-fets, & font ses gens pri-sonniers.

A l'égard du comte, il passa à Konigsberg, ensuite à Elbourg, & enfin à Dantzig, où madame de Konigsmarck eut soin de lui faire tenir des sommes considérables : ce secours lui vint d'autant plus à propos, qu'en partant d'Uf-maiz il ne possédoit d'autre argent que ce qu'il avoit sur lui. Quelques seigneurs Curlan-dois vinrent le joindre à Dantzig; mais c'étoit plus par attachement pour sa personne, que par une suite du refcript qu'il avoit voulu faire publier en Curlande. Cette pièce fit peu d'ef-fet. D'ailleurs, les Curlandois, qui étoient à la veille de voir arriver chez eux les commissai-res nommés par le sénat de Pologne pour prendre connoissance de tout ce qui s'étoit pas-

fé au fujet de l'élection du comte, ne voulurent point, par une prife d'armes hors de propos, indifpofer contre eux le roi & le fénat :
ils crurent, au contraire, devoir employer les
moyens les plus pacifiques pour éloigner de
chez eux les troubles dont ils étoient menacés.
On n'eut donc aucun égard au refcript du
comte, & les principaux du confeil ne voulurent pas même qu'il fût publié dans le pays.

Les commiffaires de Pologne arrivèrent à Arrivée des commiffaires polonois en Curlande.
Mittaw le 26 août, & fe mirent en devoir
d'exercer leur commiffion. Le général Lafci,
qui étoit chargé de prendre des mefures pour
la traverfer, alla trouver les commiffaires ;
& leur repréfenta que le comte de Saxe ayant
évacué l'ifle d'Ufmaiz, & abandonné la Curlande, la commiffion devenoit abfolument inutile.

Cette remontrance fut très mal reçue. Un
des commiffaires lui répondit, que les Polonois étant en état de déloger le comte de Saxe
par eux-mêmes, trouvoient fort extraordinaire
que des étrangers euffent ofé entrer en armes,
& agir de vive force dans une province dé-
pendante de la Pologne. Cette réprimande fut

fuivie d'une injonction à ce général de faire retirer au plutôt fes troupes. Il crut adoucir un peu l'aigreur du commiffaire, en propofant de lui remettre les effets du comte de Saxe, auffi bien que les prifonniers ; mais on infifta préalablement fur la fortie des troupes ruffiennes, & cela fut exécuté.

*Ils font retirer les Mofcovites.*

Les commiffaires indiquèrent enfuite la tenue des états de Curlande pour le 15 de feptembre : cette affemblée folemnelle dura jufqu'au 8 décembre. On commença par informer contre ceux qui avoient eu part à l'élection du comte de Saxe : on ne pouffa pas d'abord cette information avec beaucoup de vivacité, parcequ'on croyoit tout découvrir au moyen de la caffette du comte, que le général Lafci avoit promis de remettre à l'affemblée. Effectivement cette caffette arriva avec les équipages du comte, & les prifonniers faits dans l'ifle d'Ufmaiz.

*Ils convoquent l'affemblée des états de Curlande.*

On tira des papiers affez d'éclairciffement pour connoître les principaux moteurs de cette affaire ; mais on ne trouva pas la pièce principale que l'on cherchoit : c'étoit le diplôme d'élection. Un valet de chambre de confiance,

que

que le comte avoit chargé de mettre le feu à
fes papiers, n'en ayant pas eu le tems, s'étoit
feulement faifi du diplôme, & l'avoit rendu à
fon maître.

La diète ne procéda pas à toute rigueur contre ceux qui avoient eu part à l'élection du
comte. On fe contenta de leur faire une vive réprimande. Du refte, cette affemblée fe termina
par annuller cette élection. On dreffa un nouveau plan de régence pour les états de Curlande; & on décida que cette province, auffi bien
que le Sémigalle, feroient réunis aux états de Pologne, après la mort du duc Ferdinand.

On annulle
l'élection du
comte de Sa-
xe.

Le comte de Saxe ne manqua pas de protef-
ter contre tout ce qui s'étoit fait à fon préjudi-
ce dans cette affemblée : c'étoit alors tout ce
qu'il pouvoit faire de mieux. Du refte, il
ne perdit jamais de vue fon établiffement en
Curlande : & dans toutes les occafions qui fe
rencontrèrent dans la fuite, on le vit s'occuper
avec ardeur du foin de faire revivre fes efpérances; mais il fut toujours contraint de s'en tenir à des proteftations.

Le comte
fait une pro-
teftation.

Se trouvant alors maître de fon tems, il le
partagea entre l'étude, les plaifirs & les voyages.

1728.

TOME I.                                    h

Il penſa d'abord à ſe rétablir dans les bonnes graces du roi de Pologne. Il profita d'une oc-caſion favorable qui ſe préſenta au commence-ment de 1728. Le roi de Pruſſe étant allé à la cour de Dreſde, le comte lui fit parler; & ce mo-narque ſe portant pour médiateur entre le père & le fils, la paix fut bientôt conclue. Lorſqu'il parut devant le roi de Pologne, ce prince lui donna des preuves d'une réconciliation parfaite, en lui faiſant des préſens conſidérables, qui le mirent en état de figurer à la cour de Dreſde avec un train de domeſtiques & d'équipages convena-bles à ſa naiſſance.

Peu après, il paſſa en France: n'ayant rien autre choſe qui l'y appellât, que le plaiſir de voir ſes a-mis, & de faire la revue de ſon régiment, il repartit bientôt pour ſe rendre à Dantzick, où réſidoit alors la ducheſſe douairière de Curlande. Il alla lui fai-re ſa cour, perſuadé que ſa préſence pourroit rani-mer les ſentimens qu'elle avoit eus pour lui. Mais il en fut reçu avec une froideur qui le convainquit du contraire. Cette princeſſe, après avoir eſſayé vainement de le fixer, après lui avoir fait ſur ſa conduite des reproches, qui étoient autant de preuves de ſes bonnes diſpoſitions pour lui, s'étoit

Le roi de Pruſſe le ré-concilie avec le roi de Po-logne.

Il fait un voyage en France, & va enſuite à Dantzick.

Il rend vi-ſite à la du-cheſſe douai-rière de Cur-lande, qui le reçoit avec beaucoup de froideur.

enfin rebutée de le fçavoir fans ceffe occupé de nouvelles galanteries : une aventure arrivée * dans fon propre palais, lorfque le comte étoit encore à Mittaw, avoit mis le comble aux fujets de mécontentement qu'il lui donnoit chaque jour; & enfin, elle avoit fçu prendre fon parti de manière qu'il n'y avoit plus d'apparence d'aucun retour.

L'indifcrétion de fa conduite lui fit manquer quelque tems après un autre établiffement, moins fplendide à la vérité, mais toujours extrémement avantageux. Le miniftre du roi de

*Il manque un mariage avantageux en Pologne.*

* Voici quelle fut cette aventure. Le comte , étant devenu amoureux d'une des demoifelles de la fuite de cette princeffe, & ne pouvant avoir accès dans fa chambre à caufe du voifinage des autres, convint avec elle d'aller, pendant la nuit, lui aider à fortir de fon appartement par les fenêtres, de la conduire chez lui, & de la reconduire enfuite chez elle avant le jour. Cela pouvoit fe faire d'autant plus commodément, que la princeffe & fa fuite occupoient le rez de chauffée. Il arriva qu'une nuit, que la terre étoit couverte de verglas & de neige, le comte, pour faciliter le retour de la demoifelle, la prit fur fes épaules pour la reporter chez elle : dans le tems qu'il traverfoit la cour, une vieille femme qui avoit une lanterne paffa après d'eux. Le comte, pour l'empêcher de rien appercevoir, donna un coup de pied dans la lanterne; mais malheureufement l'autre pied ayant gliffé fur le verglas, il tomba avec fa charge par deffus la vieille, qui fe mit à faire des cris affreux. La garde accourut : mais elle s'en retourna, dès qu'elle eût apperçu le comte , & cette affaire n'alla pas plus loin. Cet événement, comme on peut le croire, ne manqua pas d'être fçu; on crut en amufer la princeffe à fon lever, mais il en arriva tout autrement. Elle diffimula néanmoins avec le comte : & fans lui faire aucun reproche, elle prit le parti de l'abandonner abfolument.

*h ij*

Pologne, ce favori qui avoit tant de fois cherché à nuire au comte, venoit de mourir à Vienne, & laiſſoit une veuve qui joignoit, aux agrémens de la jeuneſſe & de la beauté, une fortune très-conſidérable; elle étoit d'ailleurs d'une des premières maiſons de Pologne. Le comte, qui, du vivant de ſon mari, haïſſoit cette dame par contre coup, prit des ſentimens bien oppoſés, lorſqu'il la trouva veuve dans un voyage qu'il fit à Dreſde. Il y eut des paroles de portées pour le mariage; mais des aventures galantes, qui firent alors quelque bruit, indiſpoſèrent la veuve; le comte fut remercié.

Mort de ma-
d'une de Ko-
nigſmarck.
Il fit dans ce même tems une perte à laquelle il fut extrémement ſenſible. Madame de Konigſmarck, ſa mère, dame de beaucoup d'eſprit & de mérite, & qui avoit fait pendant longtems les délices de la cour de Saxe, tomba malade, & mourut. Le comte avoit dans ſa perſonne un puiſſant appui auprès du roi : il auroit pu d'ailleurs, s'il eût voulu ſuivre ſes conſeils, y trouver des reſſources aſſurées pour parer ſes imprudences; mais la fougue de ſon tempérament ne lui permettoit pas toujours d'écouter la voix de la raiſon.

Cette mort lui procura beaucoup de richeffes : outre les fommes immenfes qu'il avoit re-
çues de cette dame, dans le tems que fes entreprifes exigeoient qu'il dépensât beaucoup, il
hérita encore de quelques terres & d'un mobi-
lier très-confidérable. Cette fucceffion lui occa-
fionna des affaires qui l'occupèrent en Saxe durant le refte de cette année : il ne retourna en
France qu'au commencement de 1729.

Il ne fit, pour ainfi dire, que paroître à Paris. De nouvelles idées, au fujet du duché de
Curlande, lui paffant par la tête, il partit dès
le mois d'avril pour aller en conférer dans différentes cours d'Allemagne. Il s'arrêta quelque
tems à Dantzick, & fe rendit à Berlin vers la
fin de l'année. Le roi de Pruffe ayant été invité à une fête billante que le roi de Pologne
donnoit en Saxe, le comte y accompagna fa
majefté pruffienne.

1729.
Le comte
de Saxe re-
vient à Pa-
ris, & repaf-
fe en Alle-
magne.

Il y eut un camp à Mulberg, où l'on vit arriver tout ce qu'il y avoit de plus confidérable
parmi les princes & les feigneurs allemands. Un
mois entier fut employé en évolutions militaires, en fêtes, en divertiffemens, en chaffes.
Dans tous ces différens exercices, le comte

1730.
Il fe diftin-
gue au camp
de Mulberg
en Saxe.

s'attira l'applaudiſſement univerſel par ſon adreſſe, ſa force & ſa bonne grace. Il reconduiſit enſuite le roi de Pologne à Dreſde, puis il revint à Paris reprendre ſon train ordinaire de vie : c'eſt-à-dire, ſe livrant volontiers aux plaiſirs, mais ſe faiſant un devoir eſſentiel de l'étude des mathématiques, de la méchanique, en un mot, de tout ce qui pouvoit avoir trait à l'art de la guerre.

*Son retour à Paris.*

Au milieu de ſes plaiſirs & de ſes occupations, il ne pouvoit ſe diſtraire de la Curlandè, ſes idées le ramenoient toujours à cet objet; & il venoit encore tout récemment de former des eſpérances qui l'engagèrent à renouveller le bail d'un très-bel hôtel qu'il avoit loué a Dantzick.

*La ducheſſe douairière de Curlande monte ſur le trône de Ruſſie.*

Le jeune czar étant mort dans le mois de janvier 1730, la ducheſſe douairière de Curlande avoit été appellée au trône de Ruſſie, & elle avoit pris poſſeſſion de cet empire le mois ſuivant. Le comte de Saxe ne pouvant s'imaginer qu'il fût abſolument mal dans l'eſprit de cette princeſſe, malgré la froideur qu'elle lui avoit témoignée, lorſqu'il l'avoit été voir à Dantzick, fit alors une tentative pour recouvrer ſes bonnes graces. Il gagna un chambellan, qui se chargea de porter les premières paroles. On ne fit pas languir le comte sur ce qu'il avoit à espérer de cette démarche. Le chambellan n'eut pas plutôt proféré le nom du comte de Saxe, que l'impératrice lui ordonna de se retirer. Peu après, il fut disgracié dans toutes les formes & chassé de la cour. On lui substitua un gentilhomme Danois, qui s'étoit, depuis du tems, introduit à la cour de Russie par l'entremise du prince Menzikoff, auquel il étoit attaché. Ce gentilhomme, si connu sous le nom de *comte de Biron* \*, ayant eu le bonheur de plaire à l'impératrice, elle le prit d'abord pour son chambellan; peu après, elle le nomma colonel de ses gardes : & enfin, à la mort de Ferdinand, duc de Curlande, elle eut le crédit, comme on le verra bientôt, de faire tomber la souveraineté de Curlande à ce même favori.

Le peu de succès de cette tentative auprès de la czarine, la disgrace du chambellan, le

Le comte tâche en vain de renouer avec elle.

1731.

---

\* Selon l'auteur de *la description historique de l'empire russien*, imprimée cette année ( 1757,) il se nommoit *Biren* ou *Biron*. On le dit originaire de Curlande, né dans la roture.

choix d'un favori qui ne manqueroit pas de le deffervir dans l'occafion , tout cela lui mit dans l'efprit une mélancolie profonde que la diffipation où il vivoit ne pouvoit vaincre. Sa principale reffource fut dans l'étude de l'art militaire. C'étoit véritablement fa paffion favorite, & la plus capable d'effacer les impreffions défagréables que les conjonctures faifoient fur fon ame. Dans un voyage qu'il fit à Dreffde, il fe lia intimement avec le chevalier Follard qu'il trouva dans cette cour ; ils paffèrent enfemble des jours charmans à conférer fur la guerre, fcience pour laquelle ils avoient l'un & l'autre un goût dominant, une véritable paffion que l'on ne peut concevoir à moins que d'être du métier.

1732.

Ses liaifons avec le chevalier Follard.

Les conférences habituelles avec le chevalier, l'étude continue qu'il faifoit des différentes parties de l'art militaire , lui acquirent la réputation qu'il méritoit : & l'on voit, par une lettre que le roi de Pologne lui écrivit fur quelques régimens que ce prince vouloit former pour fon fervice, quel cas il faifoit des connoiffances & de l'expérience du comte fur cette matière. On voit auffi, par fa réponfe,

Le roi de Pologne confulte le comte fur la levée d'un régiment.

avec

avec quelle attention il réfléchiſſoit ſur toutes les parties de l'art militaire. Il paroît, par le ſoin qu'il a eu de conſerver une copie de cette réponſe, & d'y faire dans la ſuite différentes additions, qu'il n'étoit pas oppoſé à ce qu'on en fît part au public. On la trouvera, avec la lettre du roi, à la fin du tome II de cet ouvrage, page 194 & ſuivantes.

Ce fut auſſi dans ce même tems d'embarras, de chagrin, & de mélancolie, qu'il rédigea en un corps d'ouvrage les obſervations qu'il avoit faites depuis longtems ſur l'art de la guerre. Il a jugé à propos de lui donner le titre de Rêveries, ſoit parcequ'il regardoit les dif- férentes phaſes de la vie comme autant de rê- ves, ſoit parcequ'étant malade dans le tems qu'il fit cette rédaction, il crut que la fièvre & de plus l'ennui, dont il étoit accablé, auroient pu ſe faire remarquer dans la texture de cet excel- lent traité; ſur-tout, n'y ayant travaillé que pen- dant la nuit. *J'ai compoſé cet ouvrage en treize nuits,* dit-il à la fin de ce traité *; *j'étois ma- lade : ainſi il pourroit bien ſe reſſentir de la fiè- vre que j'avois. Cela doit m'excuſer ſur la régu-*

1732.
Il compoſe
ſes rêveries.

* Voyez tom. II, page 151.

TOME I.                                    i

*larité & l'arrangement , ainſi que ſur l'élégance
du ſtyle. J'ai écrit militairement , & pour diſſiper
mes ennuis.*

Ce fut à la fin de décembre 1732 qu'il termina cet ouvrage. L'indiſpoſition qu'il avoit
reſſentie dans le courant de ce mois s'étant enfin un peu diſſipée , il alla , au commencement
de janvier , faire ſa cour à Verſailles ; & le 12
du même mois , il partit pour Dreſde. Il n'eut
pas le bonheur d'y voir le roi ſon père : ce
prince venoit de partir , pour aller tenir unè
diète générale qu'il avoit indiquée à Warſo-
vie. Ce monarque tomba malade preſqu'en arrivant , & enfin il mourut le premier février
ſuivant.

Le prince électoral , devenu par cette mort
poſſeſſeur de la riche ſucceſſion de ſon père ,
ſe vit obligé de ſuſpendre ſa douleur , pour
penſer efficacement aux moyens de ſe ménager auſſi la couronne de Pologne.

Ce prince ſe trouva alors dans des conjonctures très-embarraſſantes. On vit paroître ſur
les rangs Staniſlas Leczinski , rival d'autant plus
redoutable , qu'il avoit dans un degré éminent
toutes les qualités requiſes pour monter ſur un

1733.

Il part pour
Dreſde.

Mort du roi
de Pologne ,
électeur de
Saxe.

Deux con-
currens aſ-
pirent au
trône de Po-
logne.

trône qu'il avoit déjà occupé en vertu d'une élection aussi solemnelle que légitime. Contraint, après un règne assez court, de céder à la fatalité des conjonctures, il avoit abdiqué la couronne, en conservant un titre qu'il méritoit à tant d'égards. Devenu ensuite beaupère du roi de France, cette alliance auguste donnoit un nouveau poids à ses prétentions, & augmentoit l'attachement des seigneurs polonois, avec lesquels il avoit conservé des liaisons. Il fut élu de nouveau, le 12 de septembre. L'électeur de Saxe, protégé par les armes de l'empereur Charles VI & de la Russie, fut couronné le cinq octobre suivant.

Stanislas Leczinski remonte sur le trône.

L'électeur de Saxe est aussi couronné peu après.

Les puissances protectrices de ces deux illustres concurrens s'étant déclaré la guerre, le comte de Saxe revint en France pour y servir : l'électeur, son frère, fit en vain des efforts pour le retenir ; il lui offrit même le commandement général de ses troupes. Le comte, qui regardoit alors la France comme sa patrie, remercia le prince, prit congé de la cour de Dresde, & se rendit à Paris, d'où il partit peu après pour aller servir sur le Rhin, dans l'armée qu'y commandoit le maréchal de Berwick.

Le comte de Saxe refuse le commandement des troupes de l'électeur de Saxe.

Il revient en France, pour y servir.

Ce général, qui connoiſſoit les talens du comte, le chargea de tenter le paſſage du Rhin. Cette commiſſion fut exécutée avec une intelligence, une promptitude & un ſecret admirable. Le comte, à la tête de vingt compagnies de grenadiers & de deux mille fuſiliers, trouva moyen de paſſer le fleuve, & d'aborder vers un endroit où il n'y avoit point d'ennemi. Ce paſſage ſe fit le 12 octobre : le lendemain, il y eut un pont de conſtruit, à la gauche du fort de Khel ; une grande partie de l'armée y paſſa le même jour, & le reſte ſuivit le lendemain. On jetta alors un nouveau pont ſur la droite du fort : la place fut inveſtie, puis aſſiégée dans les formes ; & l'on ouvrit la tranchée la nuit du 17 au 18. Le comte fut de tranchée la nuit du 23 au 24, & y donna des preuves de la plus grande intrépidité, auſſi bien qu'à l'aſſaut qui fut donné le 26. Cette attaque, quoique très-vigoureuſe, n'ayant pas réuſſi, on réſolut de la reprendre le 28 : mais le gouverneur capitula le 27.

On s'étoit mis trop tard en campagne pour être en état de la tenir longtems. Contens de cette expédition, les François s'aſſurèrent de

trois paffages fur le Rhin, l'un au fort de Khel;
l'autre à l'ifle du Marquifat, & le dernier au
pont de Huningue. Le 13 novembre, les troupes repafsèrent le Rhin, pour prendre leurs
quartiers d'hyver.

On reprit la campagne au mois de mars **1734.**
fuivant, & on fe propofa de faire le fiége de
Philifbourg : mais, pour donner le change
aux ennemis, on fit marcher un corps confidérable vers Luxembourg. On s'exerça alors
pendant quelque tems à la petite guerre; &
le comte, qui aimoit toujours à faire des chofes extraordinaires, fe propofa d'aller, à la tête
de deux cent dragons, attaquer un convoi confidérable qui étoit efcorté de douze cent hommes. Cette téméraire entreprife lui réuffit : il
battit l'efcorte, & fe rendit maître du convoi.

On rentre en campagne.

Le comte s'empare d'un convoi.

L'armée de France en Allemagne étoit divi-
fée en trois corps; l'un, commandé par le maréchal de Berwick; le fecond, par le duc de
Noailles; & le troifième, par le comte de Bellifle. C'étoit dans ce dernier corps que le comte de Saxe étoit deftiné à fervir. Il eut une
grande part aux attaques de Traërback. Cette

place ayant été inveſtie le 8 du mois d'avril, il y eut le 27 du même mois deux aſſauts conſécutifs, où le comte, emporté par ſa valeur, courut les plus grands riſques. Il y eut, entre autres, dans le ſecond, ſept grenadiers qui furent tués à côté de lui, ſans qu'un péril auſſi évident fût capable de rallentir ſon ardeur. La place fut emportée le 2 mai ſuivant.

Priſe de Tracrback.

Après cette expédition, le comte de Belliſle ayant reçu ordre de marcher à Coblentz, il s'y rendit, & fit le blocus de cette place. Le comte de Saxe ne voyant point alors d'occaſion de ſe ſignaler, paſſa dans l'armée du maréchal de Berwick qui marchoit à Etlinghen, pour chaſſer les ennemis de leurs lignes. Le maréchal le voyant arriver, lui donna, dans le compliment qu'il lui fit, les preuves les plus ſignalées d'eſtime & de confiance. *J'allois*, lui dit-il, *faire venir trois mille hommes du corps de monſieur de Noailles; mais vous ſeul me valez, ce renfort. Il s'agit ici de l'honneur de la France; il eſt inutile que je vous le recommande.* Le comte répondit parfaitement à l'idée que le maréchal avoit de lui : il pénétra dans les lignes à la tête d'un détachement de grenadiers,

Le comte paſſe dans l'armée du maréchal de Berwick.

Compliment que lui fait le maréchal.

fit un maffacre affreux de ce qui fe trouva devant lui, força le refte de fuir & d'abandonner l'artillerie.

On fit enfuite le fiége de Philifbourg, qui fe rendit le 17 du mois de juillet, après fix femaines de tranchée ouverte.

Le comte
fe diftingue
au fiége & à
la prife de
Philifbourg.

Le comte de Saxe fe fignala de manière, dans les différentes opérations de ce fiége, que fa majefté le nomma lieutenant général de fes armées; le brevet fut figné par le roi le premier du mois d'août 1734. Le maréchal de Berwick ayant été tué le 12 juin d'un coup de canon, le maréchal d'Asfeld, qui prit enfuite le commandement de l'armée, témoigna au comte la même confiance, & l'appelloit ordinairement *fon bras droit.* Il l'employa dans toutes les conjonctures difficiles; & principalement dans ce qu'on appelle les coups de main, où il falloit de la tête & de la réfolution.

Il eft fait
lieutenant
général.

Le comte de Saxe fe diftingua de même dans la campagne fuivante, par fa bravoure & fon intrépidité; mais ce qui lui mérita les plus grands éloges dans cette campagne, ce fut l'intelligence fupérieure avec laquelle il fçut, avec très-peu de monde, tenir en refpect un ennemi beaucoup plus fort que lui.

1735.

On lui con-
fie la garde
du Rhin.

Le prince Eugène avoit confervé fon camp de Bruchfal & celui de Heidelberg, dans l'intention de paffer le Rhin à Manheim avec fon armée, & d'entrer enfuite dans le pays Meffin. Le maréchal de Coigni, qui avoit pénétré fes vues, rappella les troupes qu'il avoit fous Mayence, donna au comte de Saxe quatorze bataillons & dix efcadrons, & le chargea du foin d'arrêter le prince à Manheim. Le comte s'y rendit : & mettant en ufage fes réflexions & fon expérience, il fçut, par une manœuvre admirable, tenir tellement l'armée ennemie en refpect, que jamais les Impériaux n'osèrent tenter le paffage du Rhin. La dextérité de fa conduite, dans cette occurrence, fauva les provinces frontières d'une invafion qu'il n'étoit pas facile d'éviter.

Différentes commiffions plus ou moins importantes, dont il fut chargé durant le cours de cette campagne, le tinrent dans une activité continuelle, jufqu'au mois de novembre, qu'il y eut enfin une fufpenfion d'armes. Elle fut fuivie de la paix, dont les articles furent longtems à fe conclure, à caufe de l'importance des objets.

Ce

Il empêche le prince Eugène de paffer ce fleuve.

Fin de la guerre.

Ce fut en conféquence de cette paix que le roi Augufte, électeur de Saxe, demeura poffeffeur du trône de Pologne, par l'abdication que fit en fa faveur le roi Staniflas, en 6j. confervant néanmoins le nom, les titres, & les honneurs de roi de Pologne & de grand duc de Lithuanie. Le grand duché de Tofcane fut donné au duc de Lorraine, pour l'indemnifer des duchés de Lorraine & de Bar qu'il céda à la couronne de France, laquelle les rétrocéda au roi Staniflas, avec toutes leurs dépendances, pour être, après la mort de ce prince, réunies en pleine fouveraineté & pour toujours à la France. Tels furent les principaux articles du traité qui fut conclu alors.

*L'électeur de Saxe refte poffeffeur du trône de Pologne.*

*Le roi Staniflas eft duc de Lorraine.*

Durant le cours de ces arrangemens, on reçut la nouvelle de la mort du prince Ferdinand duc de Curlande, dont la fucceffion éventuelle avoit caufé jufqu'alors tant d'agitations entre la Mofcovie & la Pologne. Biron, qui avoit fuccédé au comte de Saxe dans la faveur de la ducheffe douairière de Curlande, alors impératrice de Ruffie, fçut bien mieux fe conferver dans fes bonnes graces. Auffi s'intéreffat-elle fi vivement pour lui à la mort de Ferdi-

*Mort de Ferdinand, duc de Curlande.*

nand, qu'elle le fit élire duc de Curlande. Le comte de Saxe, fenfiblement piqué de voir un rival revêtu de fes dépouilles, n'eut cependant

d'autre parti à prendre que de recourir à la voie impuiffante des proteftations.

Pour charmer fon dépit , & en même tems mettre à profit le repos auquel il fe voyoit con-

damné par la paix, il fe remit à l'étude de l'art de la guerre. Ainfi, loin de fe tranquillifer fur la réputation qu'il s'étoit acquife, & fur les notions que fon expérience lui avoit procurées fur la guerre, il n'eut pas la vanité de croire qu'il en fçavoit affez fur un art auffi étendu. Il voulut confulter les auteurs anciens qui en avoient traité avec fuccès. Ce fut alors qu'il lut en entier Polybe & d'autres auteurs. Non content de travailler feul, il chercha à conférer avec les fçavans & les connoiffeurs. Le chevalier Follard étoit celui qu'il confultoit par préférence. Il paffoit ordinairement trois heures par jour avec lui ; & ils fe communiquoient réciproquement leurs idées & leurs réflexions fur les opérations militaires.

Il employa auffi quelque partie de ce tems à relire *fes rêveries*; & y fit quelques augmen-

tations, dans lequelles il aifé de remarquer la
connoiffance profonde qu'il avoit de fon art,
& quelle attention il apportoit pour perfectionner notre tactique fur ce qu'il obfervoit de
plus utile, foit dans les anciens, foit dans les
modernes. Il avoit une prédilection fingulière
pour Onozander\*, auteur grec peu connu parmi nous : la lecture qu'il fit de fon ouvrage,
quoique d'après une fort mauvaife traduction,
lui plut tellement, qu'il ne lui étoit pas poffible de la quitter : dans quelque circonftance
que ce pût être, on pouvoit être fûr que le
comte de Saxe avoit un *Onozander* dans fa
poche.

Ce qui fans doute pourra furprendre, c'eft

---

\* Onozander, auteur grec, vivoit fous les empereurs romains. Il s'eft rendu célèbre par fon ouvrage intitulé, Λόγος ςρατηγικὸς, *difcours pour la conduite d'une armée* ; ou, comme on l'a traduit, *du devoir, & des vertus d'un général d'armée*. La traduction françoife eft en vieux langage & très-défagréable à lire ; mais le comte de Saxe, qui en trouvoit le fond très-excellent, en faifoit le fujet ordinaire de fe, réflexions, fans trop s'embarraffer fi la diction étoit exacte ou non. On nous promet actuellement une traduction de cet auteur, fur l'excellence de laquelle on peut prononcer d'avance. Il fuffit de dire qu'on en fera redevable aux foins d'un officier de réputation, également recommandable dans les lettres & dans les armes. C'eft monfieur le baron de Zurlauben, de l'académie royale des infcriptions, brigadier des armées du roi, & auteur de l'hiftoire militaire des Suiffes. Les notes, dont il enrichit fa traduction d'Onozander, donneront un nouveau prix à cet ouvrage.

*k ij*

que cette férieufe application ne l'empêchoit nullement de fe livrer aux plaifirs : tout marchoit enfemble, un tempérament des plus robuftes fournifloit à tout : occupé de l'étude de la guerre, avec tout le recueillement de l'homme de cabinet, il paroiffoit, hors de là, n'être fait que pour la plus grande diffipation; peu conftant dans fes goûts, il ne cherchoit qu'à les varier ; & en tout il fe conduifoit affez cavalièrement, & fouvent fans beaucoup de délicateffe.

Il ne perd point de vue fes prétentions fur la Curlande.

Au milieu de ce cahos d'occupations & de plaifirs, il ne perdoit point de vue fes prétentions fur la Curlande; & il entretenoit toujours des relations intimes avec les principaux des états de ce pays : les obftacles infurmontables que devoit lui former l'élection du comte de Biron, fi fortement protégé par la czarine, ne furent point capables de le faire renoncer à fes efpérances.

Il va à Drefde.

Pour être plus à portée de fuivre fes correfpondances, & veiller de près aux négociations qu'il entretenoit pour la validité de fes droits, il réfolut de faire un voyage à Drefde. C'étoit la feconde fois qu'il y alloit depuis la fin de la guerre. Dans le premier voyage, il n'avoit eu pour objet que de regagner les bonnes graces du roi son frère, contre lequel il avoit porté les armes, en servant en France pour soutenir les droits du roi Staniflas. Le raccommodement fut bientôt fait. Le comte de Livri étoit de ce premier voyage : comme il avoit été lié intimement avec le monarque Polonois, lorfque ce prince, du vivant du roi son père, étoit venu voir la cour de France, son entremife ne fut pas inutile au comte de Saxe. La réconciliation fut cimentée par de riches préfens que lui fit le roi Augufte.

Le fecond voyage, qui eft celui dont il s'agit ici, ne fut pas heureux pour le comte de Saxe. Accoutumé à se diftinguer dans toutes les occafions, soit dans les exercices militaires, soit dans les parties de chaffe ou dans les fêtes galantes, il se bleffa dangereufement dans une grande chaffe qui se fit à Mauritzbourg. Une chûte violente lui fracaffa le genou, & renouvella la bleffure qu'il avoit reçue à la cuiffe, il y avoit déjà plufieurs années, lorfqu'il s'étoit fi vigoureufement défendu contre un parti ennemi qui vouloit l'enlever dans l'auberge de

*Il se bleffa à la chaffe.*

Crachnitz. Il fut traité avec tout le foin poffible : cependant tout le fecret de l'art ne put le guérir parfaitement ; & on ne trouva d'autre reffource que de lui ordonner les eaux minérales de France, qui ont effectivement une vertu fouveraine pour les plaies.

Il paffe en Languedoc, pour y prendre les eaux de Balaruc.

Il fut donc obligé de repaffer en France, & fe rendit en Languedoc, où les eaux fi renommées de Balaruc lui procurèrent le foulagement qu'il defiroit. Il profita de cette occafion pour parcourir la Provence ; il vit entr'autres les ports de Marfeille & de Toulon, & fut reçu partout avec beaucoup de diftinction. Matthews, amiral d'Angleterre, dont la flotte étoit alors vis-à-vis de Toulon, lui donna une fête magnifique fur fon bord, & lui fit rendre tous les honneurs poffibles.

Mort de l'empereur Charles VI.

Le comte de Saxe fut bientôt rappellé à Paris, par un événement qui menaçoit l'Europe de grandes révolutions. L'empereur Charles VI mourut, & laiffa une fucceffion immenfe, fur laquelle l'Efpagne, la Pologne, la Pruffe & la Bavière formèrent leurs prétentions. L'archiducheffe Marie-Thérèfe, grande ducheffe de Tofcane, & fille aînée de Charles VI, prétendoit, de son côté, succéder seule à son père, en vertu d'une pragmatique sanction, par laquelle ce prince lui avoit assigné la succession indivisible de ses états héréditaires. Il lui avoit fait épouser le grand duc de Toscane, dans l'espérance qu'un fils de cette aînée, conservant le patrimoine de la maison d'Autriche, pourroit dans la suite parvenir à y joindre l'empire.

Charles VI se donna beaucoup de soins pour faire garantir sa pragmatique par toutes les puissances de l'Europe & par les états de l'empire. Il y eut à ce sujet quelques oppositions; & même les parties intéressées, qui adhérèrent dans le tems au décret impérial, se réservèrent toujours une porte ouverte pour revenir contre leur garantie, sur ce que l'empereur, en l'exigeant des états, avoit déclaré qu'il n'entendoit en cela préjudicier aux droits & aux prétentions de qui que ce fût.

Après la mort de ce prince, les puissances qui prétendoient à sa succession s'empressèrent de faire valoir leurs droits par des écrits de toute espèce. L'archiduchesse Marie-Thérèse fit usage des siens, en commençant par se faire couronner reine de Hongrie. Après que l'on eût ré-

Prétentions de différentes puissances sur la succession de ce prince.

pandu de part & d'autre beaucoup de mani-
festes, où chacun prétendoit mettre de son côté la raison & la justice, on en vint à des démarches plus sérieuses & plus décisives. On
prit les armes.

La France épousant les intérêts de Charles,
électeur de Bavière, qui étoit un des principaux prétendans, lui fournit des troupes. Elles
passèrent le Rhin au mois d'août, & se ren-
dirent à Donavert, où elles s'embarquèrent sur
le Danube pour aller à Passau, dont l'électeur
s'étoit emparé le mois précédent. Ce prince
entra ensuite en Bohême, & alla camper le 19
Novembre à quelque distance de Prague, où il
fut bientôt joint par le roi de Prusse, autre pré-
tendant redoutable, qui s'étoit déjà signalé par
des exploits. Ce monarque, trouvant les voies
de fait plus courtes & plus efficaces que les
négociations & les mémoires, avoit pris le parti
de démontrer ses prétentions sur la Silésie, en
commençant par s'emparer de cette riche province.

Pendant les premières agitations qu'avoit
occasionnées la succession de Charles VI, le
comte de Saxe avoit été occupé du soin de

redonner

redonner quelque vigueur à ſes inutiles eſpérances ſur la poſſeſſion du duché de Curlande.
L'impératrice de Ruſſie étoit morte le 28 octobre 1740, huit jours après Charles VI. Elle
avoit nommé, pour ſon ſucceſſeur au trône, un
prince encore enfant ; &, en attendant qu'il
fût en âge de gouverner ſes états, elle avoit
déſigné, pour régent de l'empire moſcovite, ce
même comte de Biron qu'elle avoit fait duc de
Curlande. Peu après, les affaires changèrent
de face. Le jeune prince fut dépoſé : Eliſabeth
Petrowna, fille de Pierre le grand, monta ſur
le trône. Biron fut diſgracié, & chaſſé de la
cour & du duché de Curlande, qui ſe trouva
encore une fois vacant. C'étoit une belle occaſion au comte de Saxe pour faire valoir ſes anciens droits ; mais le prince Erneſt de Brunſwick-Lunebourg s'étant mis ſur les rangs, ſçut
ſi bien diſpoſer les eſprits, tant en Pologne
qu'en Curlande, qu'il parvint à obtenir ce duché : le comte de Saxe n'eut autre choſe à
faire qu'à proteſter de nouveau ; ce fut auſſi le
parti qu'il prit. Cette proteſtation * eſt dattée de
Paris, le 5 mai 1741.

* Voyez tome II, pag. 112.

TOME I.                                                  l

Marginal notes:
Mort de l'impératri-ce de Ruſſie.

Le comte de Biron eſt chaſſé du du-ché de Cur-lande.

Le prince Erneſt de Brunſwick-Lunebourg eſt élu duc de Curlande.

Proteſtation du comte de Saxe.

Ne pouvant alors rien faire de plus pour une souveraineté que le poſſeſſeur actuel paroiſſoit devoir garder longtems, le comte de Saxe ne penſa plus qu'à faire ſes préparatifs pour aller à l'armée. Il partit de Paris le 11 août, paſſa à Straſbourg, d'où il alla joindre les troupes auxiliaires de France, dont l'électeur de Bavière venoit d'être déclaré généraliſſime.

Il ſe rend à l'armée du duc de Bavière.

Après s'être acquitté avec ſuccès de quelques expéditions qui n'étoient que les préliminaires du grand projet que l'on avoit en vue, il ſe rendit au camp près de Prague, & fut chargé par l'électeur de tout ce qui concernoit l'entrepriſe ſur cette grande ville. On peut voir une partie de ce détail, & la conduite qu'il tint alors, dans les lettres que l'électeur de Bavière lui écrivit, & dans les réponſes qu'il fit à ce prince : ces différentes pièces font partie d'une longue lettre * qu'il écrivit au chevalier Follard le 28 novembre 1741. On ne fera ici que rapporter ſuccintement le fait principal.

On voit, par cette datte, que la ſaiſon étoit déjà très-avancée, lorſqu'on fit les approches de Prague. Il avoit fallu en effet quelque tems

* Voyez tome II, pag. 218.

pour que l'électeur de Bavière pût se rendre en Bohème, & que les troupes auxiliaires de France allassent le joindre. D'ailleurs, la marche avoit peut-être été retardée par l'indécision où l'on avoit été par rapport aux opérations de cette campagne. Il avoit semblé d'abord que l'électeur, étant entré dans l'Autriche, avoit eu dessein de faire le siége de Vienne. Les Autrichiens avoient paru l'appréhender ; & leur crainte avoit été d'autant mieux fondée, que l'électeur de Bavière avoit fait faire une sommation au comte de Kevenhuller, gouverneur de Vienne. Quoi qu'il en soit, cette ville ne fut point assiégée, & l'on passa en Bohème.

On n'arriva près de Prague que vers la fin de novembre. L'électeur s'étant rendu à son camp, chargea le comte de Saxe des opérations du siége. La rigueur de la saison, le défaut de vivres, le grand nombre de troupes qui formoient la garnison, trente mille hommes qui accouroient au secours de la place, ces différens obstacles faisoient penser différemment sur le succès de l'entreprise. Les uns étoient persuadés qu'on seroit obligé d'y renoncer ; d'autres ne voyoient d'espérance de réussir, qu'en

*L'électeur de Bavière campe près de Prague.*

*Le comte de Saxe est chargé des opérations du siége.*

*l ij*

brufquant une attaque : mais la difficulté étoit de fçavoir comment on s'y prendroit. Les avis ne s'accordoient point, & le tems preffoit ; les trente mille hommes de fecours n'étoient plus qu'à cinq lieues de Prague ; il falloit dans l'inftant prendre un parti décifif.

Ce fut auffi ce que fit le comte de Saxe : il forma le plus hardi projet que l'on pût concevoir , & il l'exécuta avec une vivacité, telle que l'exigeoient les conjonctures. Le 25 novembre, la tranchée fut ouverte ; cette même nuit , Prague fut emportée. Voici en peu de mots comment cette affaire fe paffa.

Le comte, qui fe connoiffoit en hommes , en avoit choifi un bien capable de fuivre & d'exécuter le projet qu'il avoit conçu. C'étoit monfieur de Chevert, aujourd'hui lieutenant général, alors lieutenant colonel au régiment de Beauce, homme de tête & de main, également en état d'infpirer dans un confeil les plus fages réfolutions, & d'exécuter les plus hardies à la tête de gens de fa trempe. Tel étoit l'officier que le comte de Saxe fit dépofitaire du fecret de fon entreprife. Il le chargea d'efcalader Prague d'un côté, tandis que d'ailleurs

Son projet fur Prague.
Il le confie à monfieur de Chevert, alors lieutenant colonel.

on formeroit deux attaques, vers lesquelles la plus grande partie de la garnison ne manqueroit pas de se porter.

Tout fut ponctuellement exécuté. Dans le plus fort du fracas de l'artillerie, on planta les échelles, l'escalade se fit ; & le brave Chevert fut le premier officier qui entra dans la place. Il se fit précéder par un sergent déterminé, qui suivant avec confiance l'instruction * singulière que lui avoit donné ce commandant, franchit les murs de Prague, & égorgea la sentinelle qui étoit là en faction : monsieur de Chevert, qui étoit sur ses pas, suivi du fils aîné du maréchal de Broglio, & d'une foule de grenadiers & de dragons, marcha aussitôt vers une des portes de la ville où étoit le comte de Saxe. Il fallut, chemin faisant, croiser les baïonnettes avec quelques troupes de la garnison, qui voulurent faire résistance ; mais elles cédèrent bientôt au nombre des assaillans. Monsieur de Chevert,

* Telle fut l'instruction que M. de Chevert donna au sergent qu'il chargea de tenter, le premier, l'escalade du rempart. *Tu monteras par-là,* lui dit-il d'un ton capable d'inspirer du courage & de la résolution ; *en approchant du haut du rempart, on criera QUI VIVE ? tu ne répondras rien ; on criera la même chose une seconde fois, tu ne répondras rien encore, non plus qu'au troisième cri. On te tirera, on te manquera : tu égorgeras la sentinelle ; & j'arrive là pour te soutenir.*

Escalade de Prague par monsieur de Chevert.

arrivé à la porte de la ville, défarme le corps de garde, baiffe le pont-levis; & le comte de Saxe fe vit dans un inftant maître de Prague. En s'emparant de cette ville, il fçut la conferver; les ordres qu'il avoit donnés à cet égard furent fi bien obfervés, qu'il n'y eut ni brigandage, ni effufion de fang : exemple peut-être unique d'une ville prife de nuit, l'épée à la main, fans maffacre ni pillage.

L'électeur de Bavière entre dans Prague : il eft couronné roi de Bohême.

L'électeur de Bavière y entra le jour même. Il s'y fit couronner roi de Bohème le 7 décembre; le lendemain il reçut les hommages de la ville, & dîna en public. Ce fut pendant ce dîner que le comte de Saxe ayant fait fon compliment au nouveau roi fur fa dignité, ce prince lui répondit, en riant : *Oui, me voilà roi de Bohème, à peu près comme vous êtes duc de Curlande.*

En effet, cette royauté ne fut pas d'une durée bien longue. La reine de Hongrie recouvra Prague environ dix-huit mois après, & s'y fit couronner le 11 avril 1743.

Le nouveau roi de Bohème partit de Prague quelque temps après fon couronnement, pour fe rendre à Munick. Comme il devoit prendre fa route par Drefde, le comte de Saxe l'accompagna jufques dans cette ville, & y paffa une partie du mois de janvier. Pendant ce peu de féjour, le roi de Bohème, qui s'étoit rendu dans fon électorat de Bavière, y avoit déjà effuyé diverfes révolutions. Il ne fut pas plutôt dans fa capitale, qu'il fallut penfer à s'en éloigner. Les Autrichiens s'en étant approchés en forces, s'en emparèrent vers le milieu de janvier; & le prince n'eut que le tems de fe retirer à Manheim, où il refta jufqu'au 24 janvier, qu'ayant été élu empereur, il paffa à Francfort pour s'y faire couronner.

Le comte fe rend à Drefde.

1742. Les Autrichiens s'emparent de la Bavière.

L'électeur eft élu empereur.

Sur la fin de janvier, le comte fe rendit à Pilfek en Bohème, où étoit le quartier général de monfieur le maréchal de Broglio. La rigueur de la faifon ayant obligé de part & d'autre à fufpendre toute hoftilité, on demeura tranquille jufqu'au mois de mars.

Le comte paffa ce tems de repos à Prague, d'où il partit le 15 de mars pour une expédition dont il fut chargé. Il s'agiffoit de s'emparer d'Egra, ville de Bohème, dont la confervation étoit d'autant plus importante aux ennemis, qu'ils y avoient tous leurs ma-

Le comte eft chargé d'une entreprife fur Egra.

gafins. La place étoit bien fortifiée ; elle avoit d'ailleurs une bonne garnifon ; en un mot, elle étoit tellement pourvue de tout ce qu'il falloit pour faire une longue & vigoureûfe défenfe, que le prince Charles, qui commandoit alors l'armée Autrichienne , avoit cru pouvoir fe difpenfer d'y jetter du fecours.

Le comte de Saxe l'inveftit le deux avril : la nuit du 7 au 8, la tranchée fut ouverte ; & après différentes attaques très-vivement foutenues de de part & d'autre, la ville fut forcée de fe ren-dre. Cette conquête, qui affuroit celle de la Bohème, facilitoit d'ailleurs la communication avec la Bavière & le haut Palatinat.

*Il s'en em-pare.*

Cette brillante expédition, qui fuccédoit de fi près à la prife de Prague, donna un nouveau luftre à la réputation du comte. L'empereur en particulier fut tranfporté de joie lorfqu'il reçut cette nouvelle ; & il lui écrivit de fa propre main dans des termes qui font bien voir com-bien il étoit fenfible à un événement d'une telle conféquence.

*Lettre de l'empereur au comte de Saxe , fur la prife d'Egra.*

*Souffrez, à mon amitié, cher comte de Saxe , lui dit-il, de prendre pour elle le zèle que vous ne devez qu'à la gloire du puiffant monarque que vous*

*vous servez, afin qu'il me soit permis de vous en remercier, & de vous complimenter sur la conquête importante, que vous venez de faire, de la forte place d'Egra. Je vous devois déjà celle de Prague; & c'en étoit assez pour mériter mon estime particulière : mais vous en voulez à ma reconnoissance. Que ne puis-je vous rendre des services aussi essentiels que ceux que vous me rendez! Mes ennemis ont évacué quelques places de mes états, à l'approche de l'armée françoise; mais les désordres qu'ils y ont commis sont irréparables. Que ne pouvez-vous être partout ! &c. Sur ce, je prie dieu, cher comte de Saxe, qu'il vous ait en sa sainte & digne garde, &c. A Francfort, ce 25 avril 1742.*

Le comte de Saxe se rendit à Dresde peu après l'expédition d'Egra. Comme il avoit dessein de passer en Russie, pour y solliciter la restitution d'une terre* qu'il avoit en commun, du côté de sa mère, avec le comte de Lowenhaupt, il voulut auparavant en conférer avec le ministre de cette cour qui étoit alors à Dresde. Celui-ci le confirma dans son dessein, & lui donna, pour la cour de Russie, des lettres de

Le comte se rend à Dresde.

Il passe en Russie, & retourne à Dresde.

* Cette terre avoit été confisquée sous le règne précédent.

TOME I.                                                    m recommandation, qui firent leur effet. La confiscation fut révoquée : peu après, il repartit pour Drefde où il arriva vers la fin du mois de juillet.

Changement dans les affair.s en Allemagne.

Les affaires d'Allemagne étoient alors dans un état bien différent de celui où il les avoit laiffées. Le roi de Pruffe, après avoir gagné fur les Autrichiens une bataille à Czaflaw, avoit fait fa paix, & figné un traité de neutralité. L'Angleterre, la Pologne, le Danemarck, la Mofcovie & la Hollande y avoient accédé : ainfi tout le poids de la guerre rouloit alors fur les Bavarois & fur les troupes auxiliaires de France.

L'accommodement du roi de Pruffe avoit dérangé tous les projets de la campagne; de manière, qu'au lieu de penfer à aller attaquer les Autrichiens, il fallut prendre des mefures pour fe défendre. Les troupes que la reine de Hongrie avoit en Siléfie s'étoient retirées de cette province, pour venir renforcer l'armée qu'elle avoit en Bohème. Prague fut inveftie, & enfuite affiégée; & bientôt les troupes qui étoient dans la place éprouvèrent la plus affreufe difette.

Telle étoit la situation des affaires, lorsque le comte de Saxe partit de Dresde pour se rendre à l'armée. Comme il n'y avoit pas moyen de penser à entrer dans Prague, il passa en Bavière, dans le corps d'armée qu'y commandoit le maréchal de Maillebois.

Le comte de Saxe passe en Bavière.

L'objet principal étoit alors de secourir les troupes assiégées dans Prague. Pendant que l'on prenoit des mesures pour exécuter ce projet, le prince Charles, qui commandoit les Autrichiens, fit ouvrir la tranchée la nuit du 16 au 17 d'août, & il poussa les attaques avec une extrème vigueur. D'une autre part, les assiégés firent la plus belle défense, & tinrent ainsi l'ennemi en échec jusqu'au 13 septembre que le prince Charles leva le siége, pour aller disputer l'entrée de la Bohème aux troupes qui accouroient au secours de Prague. Effectivement le maréchal de Maillebois & le comte de Saxe s'étoient mis en marche, après avoir concerté leurs opérations avec le comte de Seckendorff, général bavarois. Ils comptoient s'avancer jusqu'à Saltz, où la jonction devoit se faire avec le maréchal de Broglio. Elle fut empêchée par les Autrichiens, qui, informés des mouvemens

Le maréchal de Maillebois & le comte de Saxe marchent au secours de Prague.

Ils ne peuvent faire leur jonction avec le maréchal de Broglio.

des François, s'étoient déjà emparés de ce poste.
On tenta inutilement de vaincre les obstacles;
on essaya de donner le change aux ennemis
par des marches & des contre-marches très-fa-
tigantes, sur-tout dans le plus rigoureux de la
saison; tout cela ne fit que ruiner les troupes:
& enfin le maréchal de Maillebois fut obligé
de se mettre à couvert, en se repliant sur
Egra.

Le maréchal de Broglio n'ayant donc pas
pu faire la jonction projettée, reconduisit ses
troupes à Prague, d'où il partit peu après pour
aller relever monsieur de Maillebois; lequel,
après avoir quitté Egra, avoit pris la route du
haut Palatinat, dans la crainte d'être coupé par
les Autrichiens, qui le côtoyèrent longtems, &
le suivirent jusques sur le Danube.

Le maréchal de Broglio arriva le 16 de novembre à l'armée de monsieur de Maillebois,
laquelle il trouva aussi délabrée, pour le moins,
que celle qu'il avoit laissée à Prague. Les soldats & les officiers, exténués de fatigue, ne res-
piroient que les quartiers d'hyver. On commença par les cantonner entre l'Iser & le Danube.
Mais à peine commençoit-on à jouir de quel-

Le maréchal
de Broglio
va relever
le maréchal
de Mille-
bois.

que repos, qu'il fallut reprendre les armes. Le prince Charles, informé du peu de réfiſtance qu'il y avoit à craindre de la part des troupes rendues de fatigues, s'avança vers Deckendorff & Landau, s'empara de ces deux places, & fit environ cinq cent priſonniers. Le comte de Sa-xe ayant été chargé de ſe porter de ce côté-là, reprit les deux places, chaſſa les Autrichiens, & les força de ſe retirer du côté de Paſſau. Les ennemis ne réuſſirent pas mieux devant Bra-naw qu'ils aſſiégèrent enſuite; ils furent bien-tôt contraints de ſe retirer.

Le comte de Saxe re-prend deux places, dont les ennemis s'étoient emparés.

Après ces derniers efforts, il ne fallut plus penſer qu'à prendre du repos. Ce fut en vain que monſieur de Seckendorff voulut faire en-trer le maréchal de Broglio dans un projet qu'il avoit formé contre le général Bérenklaw : le maréchal ne voulut point y entendre; il ne s'occupa plus que du ſoin de faire prendre des quartiers d'hyver à ſes troupes. Il les logea en-tre l'Inn & l'Iſer, & envoya la partie comman-dée par le comte de Saxe, en cantonnement, de l'autre côté du Danube.

On prend les quartiers d'hyver.

Le comte, qui avoit quelque peine à ſe voir éloigné de Prague & d'Egra, dont la priſe étoit

Le comte,
mécontent
du quartier
qui lui étoit
assigné, s'en
plaint au
maréchal de
Broglio.

son ouvrage, fit de fortes repréfentations au maréchal, pour l'engager à changer ces difpofitions : il lui en marqua même ce qu'il en penfoit, dans une lettre * qu'il lui écrivit à ce fujet; mais toutes les remontrances furent inutiles : les arrangemens pris fubfiftèrent.

Pendant ce tems-là, l'armée françoife, enfermée dans Prague, fe trouvoit réduite aux plus affreufes extrémités. On n'entrevoyoit aucune apparence de pouvoir être fecouru, & l'on n'y reçut d'autre nouvelle alors qu'un ordre d'évacuer Prague, & de fauver l'armée françoife, à quelque prix que ce fût.

Cet ordre n'étoit pas facile à exécuter. La ville fe trouvoit environnée de troupes, les habitans étoient autant d'efpions, on ne pouvoit faire aucun mouvement que l'ennemi n'en fût informé. D'ailleurs, la faifon devenoit de jour en jour plus rigoureufe : la plupart des officiers & des foldats étoient malades; le maréchal de Bellifle l'étoit lui-même. Ce général, néanmoins,

Le maréchal
de Bellifle
fauve l'ar-
mée enfer-
mée dans
Prague.

furmonta tous ces obftacles, & entreprit une des plus belles retraites dont jamais l'hiftoire ait fait mention. Elle fe fit la nuit du 16 au 17 dé-

* Voyez tome II, page 237.

cembre, à travers les glaces & les neiges ; & l'on arriva à Egra, après une marche de dix jours, par un froid exceſſif qui emporta bien du monde, mais non pas autant que l'on avoit lieu de le craindre. *

Le prince Lobkowitz, auquel le maréchal de Belliſle avoit adroitement ſçu dérober vingt-quatre heures de ſa marche, n'en fut pas plutôt informé, qu'il envoya des troupes à ſa pourſuite, pour le harceler, & pour tâcher en même tems de lui couper le chemin d'Egra ; mais l'habileté du maréchal mit les troupes à couvert des inſultes de l'ennemi.

* Voici ce que l'on trouve ſur cette perte, dans une lettre qu'écrivit d'Egra, l'habile général qui avoit imaginé & conduit toute la manœuvre de cette retraite.

*Je n'ai perdu, dit-il, que ce qui n'a pu ſupporter la fatigue & la rigueur inexprimable du froid, qui ont été l'un & l'autre au-delà de toute expreſſion. Je crois même qu'il n'y a jamais eu d'exemple qu'une armée françoiſe ait eſſuyé rien de pareil. Je compte qu'à vue de pays, il a péri 7 à 800 hommes, morts dans les neiges, ou reſtés ſans forces de pouvoir ſuivre : & depuis trois jours que je ſuis ici, en voilà plus de 500 que l'on porte à l'hôpital avec des pieds & des membres gelés. Il a fallu marcher autant de nuit que de jour : & comme le froid & la fatigue ont été communs, les officiers généraux n'ont pas été plus épargnés que les autres ; les plus heureux ſont ceux qui en ſont quittes pour de gros rhûmes. Je ſuis de ce nombre, avec la fièvre qui ne m'a point quitté depuis ſix jours : ce qui, joint à mes autres infirmités, & à l'état d'épuiſement où je ſuis de longue main, m'a mis totalement à bout. Le courage de l'eſprit & du cœur a pouſſé ma machine au-delà de ſes forces ; & je me trouve bien récompenſé, par le ſuccès d'une entrepriſe la plus difficile & la plus périlleuſe, &c.*

Le général
Lobkowitz
en reprend
de faire pri-
fonniers de
guerre les
François en
garnifon à
Prague.

Pendant que le général autrichien faifoit pourfuivre inutilement l'armée françoife, il s'approcha de Prague avec tout ce qu'il avoit raffemblé de troupes, & regardoit déjà comme prifonniers de guerre ceux des François qui y étoient en garnifon; comptant bien que, fur une fimple fommation, ils ne manqueroient pas de fe rendre : mais il fut trompé dans fes efpérances. Le maréchal de Bellifle, en fortant de Prague, y avoit laiffé pour commandant, l'homme le plus capable de reffources dans des circonftances auffi critiques. Monfieur de Chevert, alors brigadier d'infanterie, le même que l'on a vu efcalader Prague, fut chargé de la difficile commiffion de mettre la garnifon en fureté, & il y réuffit *.

* Monfieur le maréchal de Bel-lifle, en retirant de Prague l'ar-mée françoife, y laiffa 6000 hom-mes, dont cinq mille deux cent étoient malades dans les hôpitaux: voilà tout ce qui formoit la garni-fon. Avec ce peu de monde, mon-fieur de Chevert entreprit néan-moins d'en impofer à une bour-geoifie nombreufe, & de tenir en arrêt une armée de quarante mille hommes qui venoit l'affiéger. Il tira des hôpitaux ceux des foldats qui pouvoient un peu fe foutenir : & fafcinant, pour ainfi dire, les yeux des ennemis par des montres d'appa-pareil, & par les demandes qu'il fit de logemens confidérables pour du monde qu'il n'avoit pas, il fçut adroitement multiplier, en apparen-ce, le nombre effectif de fes trou-pes, & fit courir le bruit qu'il pré-tendoit fe maintenir dans Prague pendant tout l'hyver. On dreffa, par

Après

Après avoir répondu, à la fommation du prince Lobkowitz, qu'il réduiroit Prague en cendres, & s'enterreroit fous fes ruines, plutôt

fon ordre, des bûchers dans les principaux quartiers de la ville ; on mit quantité de barils de poudre dans fa propre maifon, où étoient enfermés quelques-uns des principaux de la ville ; & cela dans la réfolution de fe faire fauter avec eux, en même temps qu'on allumeroit les bûchers, fi l'on fe mettoit en devoir d'exercer contre lui quelque violence, foit de la part des habitans, foit de la part des ennemis du dehors. Cet audacieux projet effraya la bourgeoifie, & confterna le camp autrichien : car, quoique monfieur de Chevert eût interdit toute communication entre ce camp & la ville, il laiffa néanmoins fubfifter quelques intelligences, fur lefquelles il ferma les yeux, parcequ'elles pouvoient lui être utiles. Il chercha même à inftruire l'ennemi de toute fa manœuvre, fans cependant paroître le vouloir. Il avoit, entr'autres prifonniers de guerre, monfieur de Monti, général-major des troupes de la reine de Hongrie. On l'avoit logé de manière que, de fes fenêtres, il pouvoit appercevoir un grand mouvement de chariots, de voitures, d'approvifionemens ;

cela paroiffoit fe renouveller tous les jours ; mais c'étoient toujours les mêmes que l'on avoit foin chaque fois de mafquer différemment. Outre cela, un officier qui tenoit compagnie au prifonnier, affectant de lui parler avec une intime confiance, lui faifoit part, comme en fecret, des reffources immenfes qu'avoit monfieur de Chevert pour fe foutenir. Il lui exagéroit auffi la fermeté du caractère de ce commandant, & la difpofition où il étoit de périr, & de faire périr avec lui la plus grande partie de Prague, fi l'on faifoit feulement mine de le forcer. Tout ce détail faifant une vive impreffion fur M. de Monti, il ne fouhaitoit rien avec plus d'ardeur, que de ne pas demeurer longtems avec un homme tel qu'on le lui dépeignoit. Il fe trouva fort heureux, lorfque ce commandant lui rendit la liberté fur fa parole. Le rapport qu'il fit de ce qu'il venoit de voir & d'entendre, fit prendre le parti de ne pas pouffer à bout un homme capable de porter les chofes aux plus affreufes extrémités. On lui accorda une capitulation telle qu'il la voulut.

TOME I.

que de n'avoir pas les conditions les plus ho-
norables, il fçut montrer une contenance fi
fière & fi déterminée, qu'il déconcerta l'ennemi. On lui accorda une capitulation telle qu'on
auroit pu la fouhaiter dans une pofition très-
avantageufe. Le traité fut figné le 28 décembre, & la garnifon fortit le trois janvier fuivant,
pour aller à Egra.

1743.

Cette ville étant la feule place confidérable que les François euffent alors en Bohème, les ennemis réfolurent de s'en affurer. On
voulut la bloquer d'une part, tandis que, d'un
autre côté, le prince Lobkowitz occuperoit les
poftes néceffaires pour empêcher les François
de la fecourir; mais le comte de Saxe, avec
le corps de réferve qu'il commandoit, fçut fi
habilement rompre les deffeins de l'ennemi,
qu'il le tint en refpect, & donna au maréchal
de Broglio affez de tems pour ravitailler la
place, & la pourvoir abondamment d'hommes,
de vivres, & de munitions.

Depuis la retraite de Prague, les affaires
changèrent bien de face en Allemagne. La reine de Hongrie étant rentrée en Bohème, s'en
fit couronner reine le 11 avril 1743. Cette

La reine de Hongrie entre dans Prague, & y fait cou-ronner,

princesse reprit ses avantages de toutes parts, au moyen des secours qu'elle reçut des Anglois, des Hanovriens, des Hessois, &c. qui la mirent en état de ne plus craindre ses ennemis. Elle fit les plus grands préparatifs pour continuer la guerre, dans le tems même que le roi fit déclarer à la diète de l'Empire, qu'étant informé des négociations entamées pour procurer un accommodement entre l'empereur & cette princesse, il alloit retirer ses troupes sur les frontières de ses états. Sa majesté les retira en effet. Le comte de Saxe ramena alors en Alsace un corps considérable de troupes, à la tête desquelles il s'étoit signalé dans différentes expéditions, au commencement de cette campagne.

On parle d'un accommodement.

La reine de Hongrie réfléchissant sur ses succès en Bavière & en Bohème, & sur ceux de ses alliés qui venoient d'avoir quelque avantage à Ettingen sur le Mein; comptant de plus sur de nouveaux secours qu'elle attendoit de la Hollande, ne voulut point entendre parler de médiation, & continua la guerre.

La reine de Hongrie veut continuer la guerre.

Ses troupes & celles de ses alliés firent alors différentes tentatives pour passer le Rhin : mais

*n ij*

elles furent barrées de toutes parts; & de celles qui pafsèrent, il y en eut peu qui réchappèrent.

Le comte de Saxe garde les paffages du Rhin.

Le comte de Saxe, à la tête de l'armée qui étoit fous fes ordres, établit de bons poftes dans la partie qu'il avoit à défendre; & il y fit faire une garde fi exacte, qu'il n'y eut pas moyen d'y hafarder un paffage. Le maréchal de Coigni étant venu enfuite prendre le commandement de ces troupes, le comte paffa auprès du maréchal de Noailles, qui, partageant fon armée en deux corps, en donna un au comte de Saxe, avec lequel il alla s'emparer Il s'empare des lignes de Lauterbourg. des lignes de Lauterbourg. Il fit enfuite des difpofitions fi bien entendues, que les ennemis, qui avoient projetté de paffer le Rhin & de venir faire contribuer l'Alface & la Lorraine, ne purent effectuer aucun de leurs projets. Tout le refte du tems jufqu'à la mauvaife faifon, fut employé de part & d'autre à faire divers mouvemens, jufqu'à ce qu'enfin on fe détermina refpectivement à prendre des quar- Il revient à la cour. tiers d'hyver. Cette campagne ainfi terminée, le comte de Saxe revint à la cour rendre compte à fa majefté de quelques opérations particulières.

On paſſa l'hyver à concerter les projets de la campagne ſuivante, & en même tems à né-gocier pour la paix ; mais les négociations n'ayant pas eu le ſuccès que l'on devoit en at-tendre, toutes les vues ne furent plus que pour la guerre. Le roi commença par la déclarer ſolem- **1744.** nellement au roi d'Angleterre ; après parut une déclaration ſemblable contre la reine de Hon-grie. Quatre armées furent alors deſtinées pour l'exécution des projets de cette campagne ; une en Provence, deux en Flandre, & une ſur le Rhin.

En même tems, le roi voulant dans cette oc-currence donner au comte de Saxe des mar-ques ſignalées de confiance & de gratitude, lui fit préſent du bâton de maréchal * de France, & le nomma pour commander une des deux armées qui devoient ſervir en Flandre.

*Il eſt nom-mé maréchal de France.*

Le comte ſe rendit à Lille, vers le milieu du mois d'Avril. Le roi, qui vouloit commander ſes armées en perſonne, arriva dans cette ville le mois ſuivant : & après y avoir fait la revue de ſon armée, il la partagea en deux corps ; il en donna un au maréchal de Saxe, qui s'a-

*Le roi ſe rend à ſon armée de Flandre.*

* Le brevet fut expédié le 26 mars 1744.

vança alors jufqu'à Courtrai, où il établit fon
quartier général. Il fit paliffader cette place,
réparer les fortifications, en conftruire de nouvelles. Ces arrangemens pris, il fe pofta fur
l'Efcaut, vis-à-vis l'armée des alliés. Pendant
qu'il étoit dans cette pofition, le roi, à la tête
de fon corps d'armée, affiégeoit & prenoit des
places; & le maréchal, fans paroître agir, facilitoit toutes les opérations, en arrêtant les efforts des ennemis.

Le cours de ces brillans fuccès fut tout à
coup fufpendu par la nouvelle qui arriva que
le prince Charles avoit enfin réuffi à paffer le
Rhin auprès de Spire, que l'Alface étoit enta-
mée, & que la Lorraine alloit être infultée. Le
roi, fans balancer fur le parti qu'il devoit prendre, part de Dunkerque où il étoit alors, & vole
au fecours de fes frontières du Rhin.

En arrivant à Metz, le roi tomba malade,
& fe trouva bientôt à toute extrémité. On ne
peut pas dépeindre la défolation de tous les ordres de l'état; & encore moins les tranfports de
joie & d'allégreffe qui fuccédèrent à l'abbattement général, lorfque ce prince recouvra la
fanté. Cet événement, qui fait également hon-

Le comte arrête les ef-forts des al-liés.

Le prince Charles paf-fe le Rhin.

Le roi va défendre fes frontières du Rhin.

Sa majefté tombe mala-de à Metz.

neur au fouverain & à la nation, fera à jamais mémorable dans les faftes de notre hiftoire. Les opérations de la campagne furent un peu retardées par cet événement; mais, au refte, le prince Charles ne retira pas beaucoup d'avantages d'avoir paffé le Rhin. On le contraignit bientôt de le repaffer, & il fut vivement pourfuivi dans fa retraite.

Le Prince Charles eft contraint de repaffer le Rhin.

Pendant que les François tenoient tête au prince Charles fur les rives du Rhin, le maréchal de Saxe forçoit, en Flandre, une armée beaucoup plus nombreufe que la fienne à refter dans l'inaction, & la réduifit à ne pouvoir rien entreprendre.

Le roi, en partant pour aller prendre le commandement de fon armée fur le Rhin, avoit tiré de fon armée de Flandre un détachement confidérable; de manière que le maréchal de Saxe, à qui fa majefté laiffoit le commandement de ce qui reftoit, ne fe trouva avoir tout au plus qu'environ quarante à quarante-cinq mille hommes, avec lefquels il falloit faire face à l'armée ennemie qui étoit d'environ foixante-dix mille hommes.

Le maréchal y réuffit cependant. Il fçut

prendre fes avantages fi habilement, & faire des difpofitions fi bien concertées, qu'il rendit inutiles toutes les tentatives des ennemis. L'exactitude avec laquelle il les obferva, l'habileté des manœuvres qu'il fit faire à fes troupes, força les ennemis, quoique de beaucoup plus forts, à refter dans l'inaction pendant tout le refte de la campagne. La conduite que tint le maréchal dans cette occurrence, paffe, de l'aveu de tous les connoiffeurs, pour un chef-d'œuvre de l'art militaire.

Les ennemis prirent enfin leurs quartiers d'hyver, à l'entrée de la mauvaife faifon. Le maréchal fit la même chofe de fon côté, & pourvut en même-tems à la garde des places que fa majefté avoit conquifes à fon entrée en campagne.

De retour à la cour, il fut de tous les confeils qui fe tinrent pour les opérations de la guerre; & il eut fouvent l'honneur de travailler feul avec fa majefté. Les ennemis pafsèrent de même une partie de l'hyver à concerter leurs entreprifes. Ils crurent beaucoup inquiéter la cour par un traité d'union, qui fe fit à Warfovie,

entre

entre la reine de Hongrie, le roi d'Angleterre, le roi de Pologne, électeur de Saxe,
& les états généraux; mais on n'y fit nulle
attention à la cour. L'ambaſſadeur de Hollande * étonné de ce que ce traité ne faiſoit pas un certain bruit, voulut du moins
ſçavoir quelle impreſſion faiſoit cette confédé-
ration ſur l'eſprit du maréchal. Il le tira un
jour à quartier dans la galerie de Verſailles,
& lui demanda ce qu'il penſoit du nouveau
traité. *Cela eſt fort indifférent à la France*, répondit militairement le maréchal : *mais ſi le roi
mon maître veut me donner carte blanche, j'en
irai lire l'original à la Haye, avant que l'année
ſoit paſſée.* L'ambaſſadeur parut prendre cette
réponſe pour un badinage, & n'inſiſta pas davantage ſur ſon traité.

Ce que dit
le maréchal
à l'ambaſſa-
deur de Hol-
lande ſur ce
traité.

Pendant que de part & d'autre on prenoit
des meſures pour continuer la guerre, il y eut
un événement qui remit les choſes à peu près
comme elles étoient quelques années auparavant.
L'empereur mourut à Munick, le 20 janvier
1745 : Cette conjoncture auroit pu ramener la
paix, ſi les eſprits euſſent été moins échauffés;

Mort de
l'empereur
Charles VII.

* Monſieur Van-Hoé.

TOME I.                               o

On continue la guerre. mais on vouloit la guerre, & il fallut la continuer.

Le maréchal va en Flandre. Dès que la faifon permit de tenir la campagne, le maréchal fe rendit en Flandre. Après avoir fait faire aux troupes différens mouvemens, pour donner le change aux ennemis fur fes véritables defseins, il replia fubitement l'ar- Il aſſiége Tournai. mée fur Tournai, qu'il fit inveftir le 25 d'avril, & le 30 la tranchée fut ouverte. Les ennemis entreprirent de délivrer la place, en attaquant les afsiégeans ; & le maréchal, de fon côté, forma l'audacieux projet de réunir en même-tems deux opérations extrémement difficiles : ce fut de continuer le fiége, & de livrer bataille.

Il informa fa majefté de fon defsein, & auſ-fitôt le roi partit de Verfailles avec monfieur le dauphin, & vint fe mettre à la tête de fon armée le 8 de mai. Ce monarque vit avec une extrême fatisfaction les fages mefures qu'avoit prifes fon général pour tout difpofer à fon avantage. L'ennemi faifant auſsi, de fon côté, des mouvemens qui annonçoient un defsein Il difpofe les troupes pour une bataille. d'engager bientôt une action, le maréchal prit en conféquence fes derniers arrangemens ; &,

pour être plutôt prêt à donner ſes ordres, ſelon les événemens, il ne quitta plus le camp,
& paſſa dans ſon carroſſe la nuit qui précéda
la bataille.

C'étoit la ſeconde nuit qu'il paſſoit ainſi ; & Etat où il<br>étoit alors.
aſſurément il auroit eu beſoin alors d'être plus
commodément pour prendre quelque repos.
Ce n'étoit plus ce même homme ſi renommé
par une force prodigieuſe de corps & par une
vigueur de ſanté qu'il croyoit à toute épreuve.
Il étoit tombé depuis quelque tems dans une
eſpèce d'épuiſement qui le minoit de jour en
jour : il étoit preſque mourant, lorſqu'il partit
de Paris. Au lieu d'aller en poſte jour & nuit,
ſelon ſon uſage, il avoit été contraint de ſe
faire tranſporter en litière ; c'étoit ainſi qu'il
étoit arrivé à l'armée, où les fatigues qu'il eut
à eſſuyer pour les diſpoſitions d'un ſiége & les
préparatifs d'une bataille, ne durent pas contribuer à le rétablir : mais, conſervant toujours
ce courage de cœur & d'eſprit qui né l'abandonna jamais, il ſçut habilement pourvoir à
tout, comme s'il eût joui d'une ſanté parfaite.
Le jour de la bataille, il parcourut les rangs
à cheval, & donna ſes ordres avec une préſence

d'efprit admirable : mais fon extrême foibleffe ne lui permettant pas d'être longtems à cheval, il fe faifoit traîner dans une voiture d'ozier ; puis faifoit de nouveaux efforts pour remonter à cheval, lorfque les circonftances l'exi-geoient. L'action s'engagea le 11 de mai, près d'un village appellé Fontenoi : elle fut longue & meurtrière : la bravoure des François & l'intrépidité des ennemis tinrent longtems la victoire indécife. Dans des circonftances auffi critiques, le maréchal, faifant les derniers efforts, remonte à cheval, fe tranfporte au milieu des torrens de feu qui rouloient de toutes parts, donne des ordres à propos, & rappelle enfin la victoire prête à s'échapper. La manœuvre admirable qu'il exerça dans cette fanglante journée, & qu'il fçut habilement varier fuivant les conjonctures, fera à jamais un honneur infini à la mémoire de ce grand général.

C'eft ainfi qu'en penfoit le roi de Pruffe, qui lui écrivant longtems après, lui manda à la fin de fa lettre, qu'*agitant, il y a quelques jours, la queftion de fçavoir quelle étoit la bataille de ce fiècle qui avoit fait le plus d'honneur au général, les uns avoient propofé celle d'Almanza, & les*

*Bataille de Fontenoy.* [marginal note]

*Sentiment du roi de Pruffe fur cette bataille.* [marginal note]

*autres celle de Turin; mais qu'enfin tout le mon-*
*de étoit tombé d'accord que c'étoit, sans contre-*
*dit, celle dont le général étoit à la mort lorsqu'elle*
*se donna.*

La journée de Fontenoi décida du sort de Conquêtes en Flandre.
la guerre pour cette campagne, & prépara
d'amples conquêtes pour la suivante. Peu
après cette bataille, Tournay se rendit; Gand,
Bruges, Oudenarde, Ostende, Nieuport, Ath,
&c. firent de même. Ces différentes prises occupèrent le reste de la campagne, & assurèrent
aux troupes de bons quartiers d'hyver.

Le maréchal, qui méditoit alors une expédition importante, ne quitta point son quartier. Il eut soin, dans quelques mouvemens
qu'il fit, de si bien masquer ses desseins, que
les ennemis ne purent jamais les pénétrer; &
même, pour empêcher de croire qu'il fût dis-
posé à faire quelque entreprise considérable,
il renvoya la plus grande partie des officiers
généraux, & ne conserva que quelques personnes de confiance, de ces gens propres aux
coups de main, capables de tout oser, sous un
chef qui sçavoit entreprendre les choses les plus
difficiles avec le plus grand succès.

Les fpéculatifs furent bien mieux trompés, lorfque le bruit fe répandit, au commencement de janvier, que le maréchal étoit parti pour Verfailles. Mais, dans ce tems-là même, il projettoit la conquête de Bruxelles : il fit fortir toutes les troupes de leurs quartiers; prit les précautions né-

*Le maréchal s'empare de Bruxelles.* ceffaires pour les garantir de la rigueur de la faifon, & les diftribua enfuite dans différens poftes fi bien entendus, que Bruxelles fe trouva inveftie fans que les habitans s'en doutaffent. La nuit du fept au huit de février, la tranchée fut ouverte ; & on y entra à minuit par un froid fi rigoureux, qu'il fut impoffible aux travailleurs d'achever la parallèle. Malgré la faifon, les attaques furent pouffées avec vigueur, & la place fut emportée le 20 du même mois.

*Il revient à Paris. Applaudiffe-mens uni-verfels en fa faveur.* Cette expédition, l'une des plus fçavantes & des plus hardies dont il foit fait mention dans l'hiftoire, attira au maréchal des applaudiffemens de toutes parts. Il parut à la cour peu après, & y fut reçu avec l'accueil que méritoient fa réputation & fes fervices. Les talens de toute efpèce s'empreffèrent de lui rendre leurs hommages. Tout Paris retentit de fes louanges; & les acclamations publiques in-

terrompirent plufieurs fois les fpectacles, lorfqu'il y arrivoit. Un jour entr'autres, qu'il étoit
à une repréfentation d'Armide, l'actrice qui
faifoit le rôle de la Gloire, après avoir chanté
des paroles du prologue, qui pouvoient fort
bien s'appliquer au vainqueur de Bruxelles,
faifit un moment favorable pour préfenter au
maréchal une couronne de laurier, qu'elle
portoit comme un des attributs de fon rôle.
Cette ingénieufe allégorie fut reçue du public
avec des applaudiffemens & des tranfports de
joie aufquels il dut être bien fenfible.

Le maréchal ne tarda pas à aller rejoindre
fon armée. Après avoir communiqué à fa majefté les mefures qu'il avoit imaginées pour la
campagne où l'on alloit entrer, il retourna à
Bruxelles au mois de mai; & bientôt après on
entendit parler de fes exploits. Malines, Anvers, Mons, Saint Guilain, Namur, Charleroi
& autres places, furent emportées; & après
divers mouvemens qui tendoient tous à ame-
ner l'ennemi au point où il le fouhaitoit, il
termina cette campagne par une victoire qu'il
remporta dans une bataille qui fut donnée près
de Raucoux, le 11 octobre 1746.

*Evénement fingulier à fon fujet.*

*Il repart pour l'ar- mée.*

*Nouveaux exploits en Flandre*

*Bataille de Raucoux.*

Les ennemis fatigués de tant de pertes, &
n'efpérant plus pouvoir rien entreprendre de
la campagne, prirent leurs quartiers d'hyver;
le maréchal fit faire auffi la même chofe à fes
troupes, & il partit enfuite pour Fontaine-
bleau, où il reçut de fa majefté des preuves
fignalées de la fatisfaction qu'elle avoit de fes
fervices. Le roi, qui lui avoit déjà donné le
château de Chambord pour en jouir durant
fa vie comme d'un bien propre, lui accorda de
plus, dans cette dernière conjoncture, fix pièces
de canon, faifant partie de l'artillerie prife fur
les ennemis dans la dernière bataille.

Peu après, fa majefté lui donna de nouvelles marques de confiance, en le nommant
maréchal général de fes armées. Le brevet fut
expédié à Choifi-le-roi le 12 janvier 1747. Le
maréchal fe difpofoit à partir prefqu'auffitôt,
pour aller fe mettre à la tête des troupes qu'il
avoit laiffées en Flandre : mais le roi le retint
à la cour, & voulut qu'il affiftât à la cérémonie du mariage de monfieur le dauphin avec
la princeffe royale Marie-Jofephe de Saxe, fille
du roi de Pologne, électeur de Saxe. La faveur du maréchal, déjà parvenue au point le
plus

*Le maréchal fe rend à Fontaine-bleau.*

**1747.**
*Il eft nom-mé maréchal général.*

plus éminent, reçut encore un nouveau luftre par cette augufte alliance.

Toujours occupé de la gloire du roi & des avantages de l'état, le maréchal, en reftant à la cour pour être préfent à la folemnité des fêtes aufquelles il étoit invité, ne perdoit point de vue fes projets en Flandre. Il s'y fit précéder par le comte de Lowendalh, qu'il avoit attiré depuis quelque tems au fervice de France, dans lequel cet illuftre étranger s'étoit déjà diftingué de manière à mériter les bienfaits de la cour & la reconnoiffance de la nation.

*Il refte à la cour, pour affifter au mariage de M. le dauphin.*

*Il envoie en Flandre le comte de Lowendalh.*

Le comte de Lowendalh fe rendit en Flandre vers le milieu du mois de janvier. Le machal, content d'avoir dans ce pays un officier de confiance fur lequel il comptoit comme fur lui-même, fut en état de participer fans inquiétude aux fêtes & aux divertiffemens de la cour.

Dès qu'il fut libre, il fe tranfporta en Flandre. Les Hollandois s'étant mis alors en état d'agir directement contre la France, le maréchal fit entrer des troupes dans la Flandre hollandoife, fous les ordres du comte de Lowendalh, qui foutint dans ces conjonctures la haute réputation

*Le maréchal s'y rend peu après.*

TOME I.        *p*

qu'il s'étoit déjà acquife dans d'autres commiffions dont il avoit été chargé. Il s'empara
du fort de l'Eclufe, d'Iffendick, du Sas de
Gand ; fit le fiége de Philippine ; alla enfuite
défendre Anvers contre les alliés. Après la prife
de Philippine , le maréchal fit faire le fiége de
Hulft. Les alliés firent des mouvemens pour
en empêcher la prife; le duc de Cumberland
y vint même en perfonne : mais le maréchal y
étant accouru, fçut rendre inutiles tous les efforts des ennemis. Hulft fut emporté, & enfuite Axel, où l'on fit cinq mille hommes prifonniers de guerre.

*Conquêtes dans la Flan-dre hollan-doife.*

Les mouvemens des ennemis donnant affez
à connoître que l'on ne tarderoit pas à en venir à une bataille , le roi partit de Verfailles
pour venir prendre le commandement de fon
armée. Les fçavantes difpofitions du maréchal
fecondées de la valeur des troupes qui com-
battoient fous les yeux de fa majefté, eurent
le plus heureux fuccès. Il y eut le deux juillet
une bataille fanglante auprès d'un village appellé Laufeld ; les ennemis y furent entièrement défaits , & abandonnèrent le champ
de bataille, avec vingt-neuf pièces de canon,

*Bataille de Laufeld.*

& un grand nombre de drapeaux & d'étendards.

Après cette éclatante victoire, le maréchal
ayant exposé à sa majesté les diverses opérations qu'il avoit concertées avec le comte de
Lowendalh pour la suite de cette campagne,
le roi les approuva , & envoya ordre au
comte de se mettre en devoir de les exécuter.
On ne tarda pas à recevoir les nouvelles les
plus satisfaisantes. On apprit que ce général, <sub></sub>Siége & pri-
se de Berg-
après quelques succès par lesquels il avoit sçu op-Zoom,
par le comte
se préparer de plus grands avantages , étoit de Lowens
dalh.
enfin devant Berg-op-Zoom, place que la nature & l'art rendoient également forte. Elle
avoit vu échouer autrefois sous ses remparts
les vigoureux efforts des deux plus habiles généraux de leur siécle, le prince de Parme en
1588, & l'illustre Spinola en 1622. La conquête en étoit actuellement bien plus difficile,
depuis les ouvrages immenses dont cette ville
étoit environnée. Le célèbre Cohorn, le Vau-
ban des Hollandois, y avoit épuisé tous les
ressorts de son art. Ces défenses étoient d'ailleurs soutenues par une garnison nombreuse,
& la place étoit abondamment pourvue de vi-

TOME I.                                        *p ij

vres & de munitions de toute espèce; de sorte qu'elle passoit pour être imprenable.

Mais, plus les difficultés paroissoient au-dessus de tout effort, plus aussi le comte de Lowendalh eut attention de mettre habilement en œuvre tout ce qui pouvoit contribuer à vaincre les obstacles : le succès répondit aux peines qu'il se donna. Malgré la violence du feu de la place, & la résistance la plus brave de la part de la garnison, Berg-op-Zoom fut emporté d'assaut, le 16 septembre, après environ deux mois de tranchée ouverte. Cette mémorable expédition mérita au comte de Lowendalh le bâton de maréchal de France, que sa majesté lui envoya aussitôt après avoir reçu la nouvelle. Le brevet est datté du 17 septembre, au camp de Hamal, où le roi étoit alors, & d'où il partit quelques jours après pour retourner à Versailles.

Le maréchal de Saxe resta encore quelques mois en Flandre, occupé du soin de pourvoir à la sûreté des places conquises, & à distribuer les troupes dans leurs quartiers d'hyver. Il partit ensuite de Bruxelles, & se rendit à Paris le 19 de décembre.

Le roi, qui l'avoit déjà nommé commandant 1748.
général des Pays-bas nouvellement conquis,
lui en donna le brevet quelque tems après ſon
arrivée. On ne peut rien de plus obligeant
que l'énoncé de cette pièce, dans laquelle ſa
majeſté, adreſſant la parole au maréchal, lui
rappelle en peu de mots les importans ſervi-
ces qu'il a rendus à l'état, lui donne des éloges dictés par la vérité & la reconnoiſſance; éloges beaucoup plus flatteurs que le riche préſent
qu'il lui faiſoit.

Pendant que le maréchal étoit à la cour, on
commença à entamer quelques négociations
pour la paix; il y eut même un congrès d'in-
diqué à Aix-la-Chapelle : mais on prit en même tems des meſures pour continuer la guerre.
Le maréchal envoya ordre aux troupes de ſortir de leurs quartiers dès le premier du mois de
mars : environ quinze jours après, on le vit arriver à Bruxelles, où il fit une entrée ſolem-
nelle, en qualité de commandant des Pays-
bas.

Après quelques conférences tenues avec le
comte de Lowendalh, les troupes ſe mirent en
devoir d'en exécuter le réſultat. On cacha par

divers mouvemens le deſſein que l'on avoit en vue : on feignit d'abord d'en vouloir à Bréda, & enſuite à Steenbergen. Les troupes ennemies furent extrémement fatiguées dans les marches qu'on leur fit faire pour répondre à celles des François; mais enfin le véritable projet ſe manifeſta le 13 d'avril. Ce jour-là même, Maſtricht fut inveſtie; le 15, la tranchée fut ouverte, & l'on pouſſa les travaux & les attaques avec une extrême vivacité. Le 4 du mois ſuivant, on diſpoſoit tout pour faire une attaque générale du chemin-couvert, lorſque le maréchal reçut une lettre du duc de Cumberland, par laquelle ce prince lui faiſoit part de la ſignature des préliminaires de la paix, & propoſoit de lui remettre la place, à condition que l'on accorderoit à la garniſon tous les honneurs de la guerre.

On convint alors d'un armiſtice de quarante-huit heures, après leſquelles la capitulation fut ſignée le ſept du mois de mai. Le 10, la garniſon ſortit aux conditions qu'on avoit demandées; & le lendemain, on publia à Bruxelles & dans les deux armées la ceſſation de toute hoſtilité. Enfin le congrès d'Aix-la-Chapelle

*(marginalia)* Siège de Maſtricht.

*(marginalia)* Capitulation de Maſtricht.

établit une paix générale entre toutes les puiffances belligérantes, par un traité définitif qui
fut figné le 18 d'octobre de cette même année :
traité à jamais mémorable par la modération
& le défintéreffement de fa majefté très-chrétienne, qui, pouvant donner la loi à fes ennemis & s'indemnifer des frais immenfes d'une
guerre ruineufe, aima mieux s'arrêter dans le
cours de fes victoires, & facrifier généreufe-
ment fes conquêtes au bien général de l'Europe.

La paix eft conclue à Aix-la-Cha-pelle.

Après tant de mouvemens & d'agitations,
le maréchal couvert de gloire, & comblé des
bienfaits de fa majefté, fe rendit au château de
Chambord dont le roi lui avoit fait préfent.
N'ayant plus à faire la guerre, il voulut du
moins en conferver une image. Il fit venir à
Chambord fes hullans ; c'étoit un régiment
de troupes légères que le roi lui avoit permis
de lever, il y avoit quelques années : ces
troupes étoient parfaitement dreffées aux nouveaux exercices, felon la méthode du maréchal. Sa majefté ayant confenti de leur voir
faire leurs différentes évolutions, avant qu'elles fe rendiffent à Chambord, indiqua le 28 du

Le roi fait la revue du régiment de hullans du maréchal.

mois de novembre, jour auquel le roi fe rendit, avec la famille royale & toute fa cour, dans la plaine des Sablons, où ce régiment fe trouva rangé en ordre de bataille, le maréchal à la tête, avec l'uniforme de hullan. Les évolutions fe firent avec une légèreté, une exactitude, une précifion dont fa majefté parut extrémement fatisfaite.

Départ des hullans pour Chambord, où ils forment la garde du maréchal.

Ce régiment alla enfuite à Chambord prendre fes quartiers, & forma la garde du maréchal. On la montoit tous les jours dans fon château, auffi exactement que chez le roi. Les exercices aufquels il avoit accoutumé ces troupes, & qu'il cherchoit à perfectionner de jour en jour, formèrent une partie des occupations dont il comptoit amufer fon loifir dans l'honorable retraite qu'il tenoit des bienfaits de fa majefté.

1749.    Il établit auffi des haras de chevaux fauvages qu'il fit venir de Pologne & de Ruffie. Son deffein étoit de les employer à la remonte de fes troupes. Ces chevaux, accoutumés à ne vivre que de ce qu'ils trouvoient dans les bois, devoient être plus propres que d'autres pour foutenir les fatigues des campagnes, où fouvent

vent le fourage devient extrémement rare.

Le foin de ces haras, la difcipline de fon régiment, la chaffe, l'embelliffement des appartemens & des jardins du château qu'il habitoit, des amufemens utiles qu'il fe for- moit, & dont il avoit befoin pour parer l'impreffion de l'ennui, qu'une trop grande tranquillité auroit pu faire fur un efprit vif, accoutumé dès l'enfance au tumulte des ar- mes ; telles furent les occupations du maré- chal dans fa retraite de Chambord. Il y raf- fembloit auffi quelquefois une affez nom- breufe compagnie ; la table étoit fomptueufe, telle qu'elle pouvoit convenir à un feigneur de fon rang. Souvent auffi il donnoit des fêtes brillantes, dont il traçoit les deffeins, & dans lefquelles on ne pouvoit qu'admirer le goût & l'intelligence de celui qui en avoit imaginé l'or- donnance.

Il interrompit, par intervalle, cette vie unie & tranquille, tantôt pour faire des voyages en Allemagne, où fes affaires & les biens qu'il y poffédoit pouvoient exiger fa pré- fence ; tantôt pour aller paffer quelque tems à la cour : quelquefois auffi il étoit appellé pour

donner fon avis fur des opérations qui concer-
noient l'art militaire. C'eft ainfi que, vers le
**1750.** commencement de 1750, des officiers de marque, également diftingués par leurs fervices &
par leurs talens dans la fcience de la guerre, devant chacun faire exécuter à leurs régimens
des exercices & des évolutions d'une nouvelle
efpèce, & d'une manière toute différente les
unes des autres; le roi fouhaitant avoir l'avis
du maréchal fur ces différens exercices, lui fit
écrire, pour le prier de fe tranfporter à l'hôtel
royal des invalides, où l'on devoit faire l'expérience de ces différentes manœuvres.

Il vient à
l'hôtel des
invalides ,
examiner
l'exécution
de différens
exercices
militaires.

Le maréchal s'y rendit : & après avoir tout
vu & tout examiné avec cette fagacité & cette
pénétration qui lui étoit particulière, il rendit
un compte très-étendu de chacun de ces exercices, dans une lettre * qu'il adreffa au miniftre de la guerre. Il profita de cette occafion
pour donner en même-tems d'excellens pré-
ceptes fur la manière de difpofer les troupes
pour prendre fes avantages, lorfqu'on eft prêt
d'arriver en préfence de l'ennemi.

Le maréchal jouiffoit alors d'une fanté affez

* Voyez tome II, pag. 247.

bonne. La force de fa complexion, la bonté de fon tempérament, une fortune brillante, une réputation portée au plus haut point, tout fembloit le flatter d'une vie longue & heureufe, & de l'efpérance d'être en état de rendre au roi & à l'état les fervices les plus importans. Mais il tomba malade à Chambord, vers la fin de novembre, & fut emporté le 30 de ce même mois, après neuf jours de maladie.

Mort du maréchal.

A l'inftant de fa mort, on rompit les faifceaux d'armes qui étoient dans les falles de fon palais. Tous fes officiers prirent le grand deuil, & montèrent la garde chez lui, comme de fon vivant : depuis ce moment jufqu'au tems déterminé pour le tranfport de fon corps à l'endroit deftiné pour fa fépulture, on tira un coup de canon à chaque demie-heure.

Cérémonies obfervées à l'inftant de fa mort.

L'intention du maréchal n'avoit pas été d'avoir ni fépulture, ni pompe funèbre. Il s'en étoit expliqué par un article de fon teftament qui eft conçu en ces termes : *Quant à mon corps, je defire qu'il foit enfeveli dans la chaux vive, fi cela fe peut, afin qu'il ne refte bientôt plus rien de moi dans le monde que ma mémoire parmi mes amis.*

Cet article n'eut pas lieu : le roi ne pouvant

Le roi ordonne fes obsèques.

plus donner, à la perfonne de ce grand général, des preuves fenfibles de fa reconnoiffance, voulut du moins faire rendre tous les honneurs poffibles à fa mémoire & à fes cendres. Sa majefté ordonna une pompe funèbre qui feroit faite à fes frais ; & comme le maréchal n'étoit point catholique, il fut règlé que fon corps feroit tranfporté à Strafbourg dans une chapelle du temple neuf de faint Thomas qui appartient aux luthériens de la confeffion d'Aufbourg : on a vu que le maréchal avoit été élevé dans cette communion.

1751.

Départ du convoi pour Strafbourg.

En conféquence de ces ordres, le corps fut embaumé, & refta en dépôt dans le château de Chambord jufqu'au huit de janvier, jour auquel le convoi partit pour Strafbourg. Nous avons cru pouvoir entrer ici dans le détail de l'appareil fomptueux du cérémonial qui fut obfervé depuis ce départ jufqu'à la conclufion des obsèques du maréchal à Strafbourg. Il eft du devoir de l'hiftoire de conferver à la poftérité ces marques fignalées de la bonté, de la gratitude & de la magnificence d'un grand roi qui aime à récompenfer le mérite, lors même qu'il n'eft plus.

Marche du convoi.

Le corps du maréchal étoit dans un grand char couvert de drap noir, attelé de fix chevaux caparaçonnés de même. Deux carroffes de deuil à fix chevaux fuivoient le char. Le convoi étoit efcorté par cent dragons hullans, qui avoient des crêpes à leurs cafques & les armes traînantes.

Cette marche dura un mois entier. Lorfque Sa réception à Strafbourg. l'on fut près de Strafbourg, le chevalier de faint André, qui commandoit dans la province pendant l'abfence du maréchal de Coigni, envoya au-devant du convoi le régiment de Clermont cavalerie. On tira du rempart douze coups de canon; toutes les cloches des églifes luthériennes fonnèrent, & les officiers de l'état major firent le falut des armes, à la tête de l'infanterie qui étoit rangée en double haie depuis la porte de la ville jufqu'à celle du gouvernement.

L'entrée de cette pompe funèbre fe fit en cet ordre. Le régiment de Clermont cavalerie; cinq cent dragons hullans; le fecond écuyer du maréchal de Saxe, avec quatre gardes à pied & en habits noirs. Le char de deuil, aux côtés duquel marchoient fix valets de pied foutenant le drap qui couvroit le char: des palefreniers qui tenoient les chevaux du char par la bride. Le fuiffe à pied & en grand deuil. Un carroffe drapé, dans lequel étoit le baron de Heldorff, premier écuyer, feul dans le fond, ayant à côté de lui un coufïin de velours noir bordé d'argent, fur lequel étoit un petit coffre quarré couvert de velours noir, orné de franges d'argent, qui contenoit une boëte de vermeil où étoit le cœur du maréchal. deux pages en pleureufes occupoient le devant du carroffe : celui-ci étoit précédé d'un autre, dans lequel étoient quatre valets de chambre.

Cinquante dragons hullans fermoient cette marche, & en faifoient l'arrière-garde.

Les troupes rendoient par-tout au corps du maréchal les mêmes honneurs que s'il eût été vivant. Les tambours battoient aux champs.

Le corps eft dépofé dans l'hôtel du gouverne-ment.

Lorfque le convoi fut près d'arriver au gouvernement, les comtes de Frife & de Lowenhaupt, neveux du maréchal, en longs manteaux, le chevalier de faint André & plufieurs officiers généraux, auffi en deuil, fe trouvèrent dans la cour pour recevoir le corps. Dix canoniers le prirent alors, & le portèrent dans un vafte fallon, où étoit le lit de parade.

Ce fallon étoit tendu de noir du haut en bas, & orné d'emblèmes, de trophées d'armes, de bâtons de maréchal liés en fautoir, du cordon de l'aigle blanc, & des armes de Saxe & de Curlande.

Au milieu, étoit un lit de parade furmonté d'u-
ne grande impériale de velours noir galonné d'or
& d'argent, avec des crépines de même : le dedans étoit de moire d'argent ; & les rideaux, de
fatin blanc, relevés & attachés avec des crêpes
noirs en place de rubans.

Ce fut fur ce lit que l'on dépofa le cercueil, &
on mit deffus les coffrets où étoient le cœur & les
entrailles du maréchal. On couvrit le tout d'un
poële de velours noir, garni de franges & de
galons d'argent, aux coins duquel pendoient des
glands auffi d'argent.

A la tête du cercueil, on plaça une couronne
ducale fur un carreau de velours noir, & les
bâtons de maréchal croifés & liés avec le cordon de l'aigle blanc : fon épée à poignée d'or
& le foureau en fautoir ; l'on étendit fur le tout
des crêpes extrémement fins.

Le fallon étoit éclairé par des flambeaux de
cire blanche, pofés fur des guéridons aux quatre
coins du lit. Là étoient placés quatre tabourets
pour autant de hérults d'armes, qui tenoient
un bâton de maréchal d'une main, & de l'autre
une torche allumée.

Le corps ne refta qu'un jour fur ce lit de parade : le lendemain, qui étoit le 8 février, on le tranſporta au temple neuf de ſaint Thomas.

Ce jour-là, les étudians & les théologiens proteſtans du collège de ſaint Guillaume vinrent dès le matin ſe diſtribuer au-tour du lit de parade, & y chantèrent des cantiques funèbres.

Pendant ce tems-là, on prépara tout pour la marche. La garniſon prit les armes, & ſe poſta en haie double depuis le gouvernement juſqu'au temple neuf. La cavalerie alla occuper toutes les places devant leſquelles le convoi devoit paſſer.

Un coup de canon ayant donné le ſignal, les égliſes luthériennes ſonnèrent toutes leurs cloches, & alors la marche ſe fit dans l'ordre ſuivant.

Les cent dragons hullans, qui avoient eſcorté le corps depuis Chambord juſqu'à Straſbourg, marchoient à pied, tenant leurs fuſils la croſſe en haut : leurs tambours couverts de crêpes battoient lugubrement. Enſuite étoit un homme en grand deuil, ſuivi de deux autres habillés de même. Chacun d'eux portoit deux grandes torches de cire blanche allumées, liées enſemble en ſautoir, & ornées d'un écuſſon portant,

d'un

d'un côté, les armes de Saxe; & de l'autre, deux bâtons de maréchal de France en
fautoir.

Marchoient enfuite trois autres officiers en
longs manteaux noirs, le chapeau rabattu & enveloppé de longs crêpes.

Ils étoient fuivis des étudians du collège de
faint Guillaume, & des théologiens de la confeffion d'Aufbourg, qui chantèrent des pfeaumes
pendant toute la marche. Après ceux-ci, venoient
quarante-trois miniftres de la campagne, relevant du confiftoire proteftant de Strafbourg; &
enfuite tous les vicaires & les prédicateurs des
fept églifes proteftantes de la ville. Tout ce monde étoit en deuil, & en habits de cérémonie.

Après ce clergé, marchoient deux officiers du
maréchal, portant des torches, comme les premiers : venoient enfuite quatre trompettes, avec
timballier de la ville, vêtus de noir. Les trompettes étoient enveloppées de crêpes, auffi-bien
que les timballes.

Six officiers du maréchal avec des flambeaux
accompagnoient deux héraults d'armes, qui
étoient fuivis du fuiffe, de fix valets de pied, &
de quatre gardes du corps.

TOME I.                                          r

Deux écuyers portoient, l'un la couronne ducale, & l'autre le cœur; ils étoient accompagnés de quatre pages.

Le cercueil venoit enfuite, porté par douze fergens. Meffieurs de Vibraye, de faint Germain, Dupas, & de fainte Afrique portoient les quatre coins du drap mortuaire, & étoient entourés de dix hommes portant des flambeaux.

Le corps étoit fuivi de trois notables bourgeois en grand deuil, de deux héraults, du prince de Naffau-Sarbruck, & des comtes de Frife & de Lowenhaupt.

Cette marche funéraire étoit fermée par la nobleffe de la province, qui étoit précédée par le chevalier de faint André, lieutenant général des armées du roi, & commandant en Alface. Il étoit accompagné de nombre d'officiers de l'état major, & du préteur royal, fuivi de tous les magiftrats de la ville.

Tel fut l'ordre que l'on obferva en allant au temple neuf de faint Thomas. Tout cet édifice étoit tendu de noir jufqu'aux voûtes. Il étoit éclairé par un nombre infini de flambeaux & de bougies, qui étoient difpofés en compartimens, accompagnés d'emblèmes, de devifes, de trophées, d'armoiries, &c. L'autel étoit couvert d'un large tapis de velours noir, galonné d'argent. Il y en avoit un pareil fur la chaire, au dos de laquelle étoient repréfentées en grand les armes de Saxe & de Curlande.

Au milieu de ce temple, s'élevoit un magnifique catafalque, richement illuminé, à la tête duquel étoit la repréfentation de la Mort avec fa faulx; au pied étoit Saturne. On avoit placé aux quatre coins quatre Vertus accompagnées de Génies qui pleuroient. Le tout étoit orné de cafques, de boucliers, de cuiraffes, de branches de laurier, &c.

Les douze fergens, qui avoient porté le cercueil, le placèrent fur ce catafalque; & l'on y mit la couronne ducale, les bâtons de maréchal, l'ordre de l'aigle blanc, l'épée, &c.

La cérémonie funèbre commença par une fymphonie lugubre affortie à la conjoncture. On chanta enfuite un cantique, après lequel monfieur Laurenz, docteur & profeffeur en théologie, prononça un difcours à l'honneur du

feu maréchal. Il y eut enfuite une feconde re-
prife de fymphonie, fuivie d'un autre difcours
qui fut prononcé par M. Froereifen, auffi docteur & profeffeur en théologie; il fit un remer-
ciment à toute l'affemblée.

Le cérémonie fut terminée par un cantique
funèbre, pendant lequel on tranfporta le corps
dans une chapelle ardente qu'on avoit pratiquée
dans un coin du temple.

Cette chapelle étoit entièrement tendue de
noir, & ornée d'emblèmes. Au milieu, étoit un
lit de parade dans le même goût que celui dont
on a fait la defcription. On plaça, aux quatre
coins, les figures du catafalque. Ce fut là que l'on
dépofa le corps du maréchal.

A la fomptuofité paffagère de cette pompe funèbre, le roi a voulu faire fuccéder un monument
durable, qui annoncera aux fiècles à venir la reconnoiffance du fouverain, & la gloire du héros
qui en a été l'objet.

Maufolée
du maréchal
comte de Sa-
xe, par M.
Pigalle.

C'eft un maufolée de grande compofition,
digne des beaux jours d'Athènes & de Rome.
C'eft le jugement qu'en ont porté les connoiffeurs, d'après le riche modèle qu'en a expofé au
louvre le célèbre Pigalle, connu depuis long-

tems par les chefs-d'œuvre qui font fortis de fes mains.

Le maréchal y eft repréfenté debout, en cui-raffe, avec un bâton de commandement à la main : il eft adoffé à une pyramide ornée de tro-phées, d'armes & de différens attributs de la Vic-toire. Il paroît en difpofition de defcendre un degré qui conduit à un tombeau que la Mort entr'ouvre d'une main, tandis que, de l'autre, elle lui montre une horloge de fable, & femble lui dire que fon heure eft arrivée. La France, affife fur un des degrés, retient le maréchal, & re-pouffe la Mort. D'un côté, eft un Génie en larmes qui éteint un flambeau : de l'autre, font les fym-boles des Nations vaincues par la France. Au-deffous, la Force, fous la figure d'un Hercule, eft repréfentée dans l'attitude de l'abbattement le plus profond. Ces différentes figures forment enfemble un tableau majeftueux & touchant. Leurs différentes douleurs font exprimées avec un art, une précifion, une vérité de nature, & en même tems, avec une fimplicité & une nobleffe qu'on ne peut trop admirer.

Ce monument, qui a vingt pieds de face fur vingt-cinq pieds de haut, fera exécuté en

marbre, & placé dans l'églife luthérienne de faint
Thomas à Strafbourg.

On a propofé, dans l'un de nos ouvrages pério-
diques, l'épitaphe fuivante, dans laquelle l'auteur paroît avoir faifi, avec beaucoup de juftefle,
l'efprit du fuperbe monument dont je viens de
parler :


HOSTIBUS FUSIS,

PACE DATA,

*MAURITIUS,*

GALLIA GEMENTE,

TARTARA SUBIT IMPAVIDUS.

Pridie Calend. dec. anno 1750, ætat.

# MES RÊVERIES.

*MES RÊVERIES.*

# AVANT-PROPOS.

*ET ouvrage n'eſt point enfanté par le deſir d'établir un nouveau ſyſtème ſur l'art de la guerre: je le compoſe pour m'amuſer & pour m'inſtruire.*

*La guerre eſt une ſcience couverte de ténèbres, dans l'obſcurité deſquelles on ne marche point d'un pas aſſuré : la routine & les préjugés en font la baſe, ſuite naturelle de l'ignorance.*

*Toutes les ſciences ont des principes & des rè-gles ; la guerre n'en a point. Les grands capitai-nes qui en ont écrit ne nous en donnent point. Il faut être conſommé pour les entendre ; & il eſt impoſſible de ſe former le jugement ſur les hiſto-riens, qui ne parlent de la guerre que ſelon qu'elle ſe peint à leur imagination. Quant aux capitaines qui en ont écrit, ils ont plus ſongé à être agréables qu'à inſtruire, parceque la méchanique de la guerre eſt d'une nature ſéche & ennuyeuſe. Les livres qui en traitent ne font qu'une fortune médiocre, & ne peuvent avoir leur mérite que lorſque les tems ont tout effacé. Ceux qui traitent de la guerre en hiſto-riens n'ont pas le même ſort ; ils ſont recherchés par tous les curieux, & conſervés dans les biblio-*

thèques : c'est ce qui fait que nous n'avons qu'une idée confuse de la discipline des Grecs & des Romains.

GUSTAVE-ADOLPHE a créé une méthode que ses disciples ont suivie, & qui tous ont fait de grandes choses. Depuis ce tems-là nous avons dérogé successivement, parceque ce n'étoit que par routine que l'on avoit appris : de-là vient la confusion des usages, où chacun a augmenté ou retranché. Ces usages sont cependant respectés, à cause de leur illustre origine : mais quand on lit Montécuculli, qui étoit contemporain, & qui est le seul général qui soit entré dans quelque détail, l'on s'apperçoit très-bien que nous nous sommes déjà plus éloignés de la méthode de Gustave-Adolphe, qu'il ne l'étoit de celle des Romains. Il n'y a donc plus que des usages, dont les principes nous sont inconnus.

Le chevalier Follard a été le seul qui ait osé franchir les bornes des préjugés : j'approuve sa noble hardiesse. Rien n'est si pitoyable que d'en être l'esclave : c'est encore une suite de l'ignorance, & rien ne la prouve tant. Mais il va trop loin : il avance une opinion, & en détermine le succès, sans faire attention que ce succès dépend d'une infinité *de circonstances que la prudence humaine ne sçauroit prévoir. Il suppose toujours tous les hommes braves, sans faire attention que la valeur des troupes est journalière ; que rien n'est si variable ; & que la vraie habileté d'un général consiste à sçavoir s'en garantir, par les dispositions, par les positions, & par ces traits de lumière qui caractérisent les grands capitaines. Peut-être s'est-il réservé cette matière qui est immense ; peut-être aussi n'y a-t-il pas fait attention. C'est pourtant, de toutes les parties de la guerre, la plus nécessaire à étudier.*

*Telles troupes seront infailliblement battues dans des retranchemens, qui, en attaquant, auroient été victorieuses : peu de gens en donnent de bonne raison : elle est dans le cœur des humains, & on doit l'y chercher. Personne n'a traité cette matière, qui est la plus considérable du métier de la guerre, la plus sçavante, la plus profonde, & sans laquelle on ne peut se flatter que des faveurs de la fortune, qui quelquefois est bien inconstante. Je rapporterai un fait, pour persuader mon opinion sur l'imbécillité du cœur.*

*A la bataille de Fridelinghen ∗, l'infanterie*

---

∗ La bataille de Fridelinghen fut donnée le 14 oct. 1702. Le marquis de Villars qui la gagna fut récompensé du bâton de maréchal de France.

*Françoise, après avoir pouffé celle des Impériaux avec une valeur incomparable, après l'avoir enfoncée plufieurs fois, & l'avoir pourfuivie au travers d'un bois jufque dans une plaine qui étoit au-delà, quelqu'un s'avifa de dire que l'on étoit coupé : il parut deux efcadrons ( François peut-être ); toute cette infanterie victorieufe s'enfuit dans un défordre affreux, fans que perfonne l'attaquât ni la fuivît, repaffa le bois, & ne s'arrêta que par-delà le champ de bataille. Le maréchal de Villars & les généraux firent de vains efforts pour la ramener. La bataille étoit cependant gagnée, & la cavalerie Françoife avoit défait l'Impériale : ainfi l'on ne voyoit plus d'ennemis. C'étoient pourtant les mêmes hommes & les mêmes troupes qui venoient de défaire cette infanterie Impériale, aufquels une terreur panique avoit tellement troublé les fens, qu'ils avoient perdu contenance au point de ne la pouvoir reprendre. C'eft de la bouche de M. le maréchal de Villars lui-même que je tiens ce fait, & qui me l'a raconté à Vaux-le-Villars, en me montrant les plans des batailles qu'il avoit données. Qui voudroit rechercher de pareils exemples, en trouveroit quantité chez toutes les nations. Celui-ci prouve affez la variété du cœur hu-*

main, & le cas qu'on en doit faire. Mais avant
que de passer à des parties si élevées, il faut examiner les moindres, je veux dire les principes de
l'art.

Quoique ceux qui s'occupent des détails passent
pour des gens bornés, il me paroît pourtant que
cette partie est essentielle, parcequ'elle est le fondement du métier, & qu'il est impossible de faire
aucun édifice, ni d'établir aucune méthode, sans
en sçavoir les principes. Je me servirai ici d'une
comparaison. Tel homme, qui a du goût pour l'architecture, & sçait dessiner, qui fera très-bien le
plan & le dessein d'un palais : faites-le lui exécuter ;
s'il ne sçait la coupe des pierres, s'il ne sçait asseoir
ses fondemens, tout l'édifice s'écroulera bien-tôt. Il
en est de même d'un général qui ne connoît point
les principes de l'art, ni comment ses troupes doivent être composées, ce qui doit servir comme de
base à tout ce qui se fait à la guerre. Les prodigieux succès que les Romains ont toujours eus avec
de petites armées contre des multitudes de barbares, ne doivent s'attribuer à autre chose qu'à l'ex-
cellente composition de leurs troupes. Ce n'est pas
que je prétende pour cela qu'un homme d'esprit ne
puisse se tirer d'affaire, quand il se trouveroit com-

mander une armée de Tartares : il eſt plus aiſé
de prendre les gens comme ils ſont, que de les former comme ils doivent être ; l'on ne diſpoſe pas
des opinions, des préjugés, ni des volontés : &
mon but n'eſt pas de donner des règles, comme je
l'ai déjà dit.

Je commencerai par notre méthode de lever des
troupes ;

Celle de les habiller ;

Celle de les entretenir ;

Celle de les former ;

Et celle de combattre.

Il ſeroit hardi de dire que toutes les méthodes
que l'on emploie à préſent ne valent rien : car c'eſt
faire un ſacrilège que d'attaquer les uſages, moins
grand cependant que d'établir des nouveautés. Je
déclare donc que je tâcherai ſeulement de faire voir
les abus dans leſquels nous ſommes tombés.

# MES RÊVERIES.

## LIVRE PREMIER.

### DES PARTIES DE DÉTAIL.

## CHAPITRE PREMIER.

### DE LA MANIERE DE LEVER DES TROUPES, DE CELLE DE LES HABILLER, DE LES ENTRETENIR, DE LES PAYER, DE LES EXERCER, ET DE LES FORMER POUR LE COMBAT.

## ARTICLE PREMIER.

### *De la manière de lever des troupes.*

ON lève les troupes par engagement avec capitulation, fans capitulation, par force quelquefois, & plus fouvent par fupercherie.

Quand on fait des recrues avec capitulation, il eft injufte & inhumain de ne la pas tenir; parceque ces hommes étoient libres lorfqu'ils ont contracté l'engagement qui les lie; & il eft contre toutes les loix, divines & humaines, de ne leur pas tenir ce qu'on leur a promis. On n'en fait cependant rien. Qu'en arrive-t-il ? ces gens défertent : Peut-on, avec juftice, leur faire leur procès ? on a violé la bonne foi qui rend les conditions égales. Si on ne fait pas d'actes de févérité, on perd la difcipline militaire; &, fi on en fait, on commet des actions odieufes & affreufes. Il fe trouve cependant plufieurs foldats, au commencement d'une campagne, dont le tems de fervir eft fini : les capitaines, qui veulent être complets, les entraînent par force : de-là on tombe dans le cas que je viens de dire.

Les levées qui fe font par fupercherie font tout auffi odieufes : on met de l'argent dans la poche d'un homme, & on lui dit qu'il eft foldat. Celles qui fe font par force le font encore plus ; c'eft une défolation publique dont le bourgeois & l'habitant ne fe fauvent qu'à

force

force d'argent, & dont le fonds eſt toujours un moyen odieux.

Ne vaudroit-il pas mieux établir par une loi, que tout homme, de quelque condition qu'il fût, feroit obligé de ſervir ſon prince & ſa patrie pendant cinq ans ? Cette loi ne ſçauroit être déſapprouvée, parcequ'elle eſt naturelle, & qu'il eſt juſte que les citoyens s'emploient pour la défenſe de l'état. En les choiſiſſant entre vingt & trente ans, il n'en réſulteroit aucun inconvénient. Ce ſont les années du libertinage, où la jeuneſſe va chercher fortune, court le pays, & eſt de peu de ſoulagement à ſes parens. Ce ne feroit pas une déſolation publique, parceque l'on feroit ſûr que, les cinq années révolues, l'on feroit congédié : cette méthode de lever des troupes feroit un fonds inépuiſable de bonnes & belles recrues, qui ne feroient pas ſujettes à déſerter. L'on ſe feroit même par la ſuite un honneur & un devoir de ſervir ſa tâche. Mais, pour y parvenir, il faudroit n'en excepter aucune condition, être ſévère ſur ce point, & s'attacher à faire exécuter cette loi de préférence aux nobles & aux riches : perſonne n'en murmureroit. Alors ceux qui auroient ſervi leur tems ver-

TOME I.                                        B

roient avec mépris ceux qui répugneroient à
cette loi ; & infenfiblement on fe feroit un honneur de fervir : le pauvre bourgeois feroit con-
folé par l'exemple du riche , & le riche n'oferoit fe plaindre, voyant fervir le noble. La guerre eft un métier honorable. Combien de prin-
ces\ n'ont-ils pas porté le moufquet ! Témoin
M. de Turenne. Combien d'officiers n'ai-je pas
vu le reprendre plutôt qu'une condition vile !
Ce n'eft donc que la molleffe qui feroit paroître
à quelques-uns cette loi dure. Mais toutes les
chofes ont un bon & un mauvais côté. Il eft
certain qu'il n'y a rien de fi avantageux, que
d'obliger les provinces à fournir les recrues.
Mais il en arrive un grand inconvénient, qui
eft que les officiers n'ont aucun foin de leurs foldats. J'ai vu prefque toujours chez les Impériaux une grande moitié des recrues, quelquefois les trois quarts, qui périffoient : cela vient
du peu d'attention que les officiers font à la
confervation du foldat. S'il tombe malade, ils
le laiffent périr , faute de fecours, parcequ'il
en coûte pour le foigner. Il y a un remède à
cet abus, qui eft bien fimple ; c'eft de faire
payer les recrues aux officiers. Il faut que les

provinces les fourniffent : mais les officiers doivent les payer : & cet argent doit retomber dans la caiffe militaire , ce qui ne laiffe pas de faire un objet, & tend à la confervation. Car, fuppofé qu'il faille vingt mille recrues , & que l'officier foit obligé de les payer à cinquante livres, il en reviendra un million dans l'épargne militaire, & il s'en faudra bien que l'Etat y perde tant d'hommes.

## ARTICLE DEUXIEME.

### De l'Habillement.

Notre habillement eſt très-coûteux & très-incommode : le ſoldat n'eſt ni chauſſé, ni vêtu, ni couvert. L'amour du coup d'œil l'emporte ſur les égards que l'on doit à la ſanté, qui eſt un des grands points auquel il faut faire atten-tion. Les cheveux ſont un ornement très-ſale pour le ſoldat; &, quand la ſaiſon pluvieuſe eſt une fois arrivée, ſa tête ne ſe ſèche plus. Son habit ne le couvre point.

A l'égard des pieds, il n'en eſt pas queſtion : les bas, les ſouliers & les pieds pouriſſent enſemble, parceque le ſoldat n'a pas de quoi changer; &, quand il l'auroit, cela ne lui ſerviroit de rien, parcequ'un moment après, il ſeroit dans le même état. Ce pauvre ſoldat eſt donc bientôt envoyé à l'hôpital. Les guêtres blanches le ruinent en blan-chiſſage; ne ſont bonnes que pour les revues; d'une chauſſure très-incommode & très-mal-ſaine; de nulle utilité, & très-coûteuſes.

Le chapeau perd bientôt ſa grace, & ne ſçau-

Pl. II.

Palte direxit.

*Même habillement vû par derriere.*

P. F. Tardieu Sculp.

Patte direx.       *Soldat en faction avec son Manteau.*

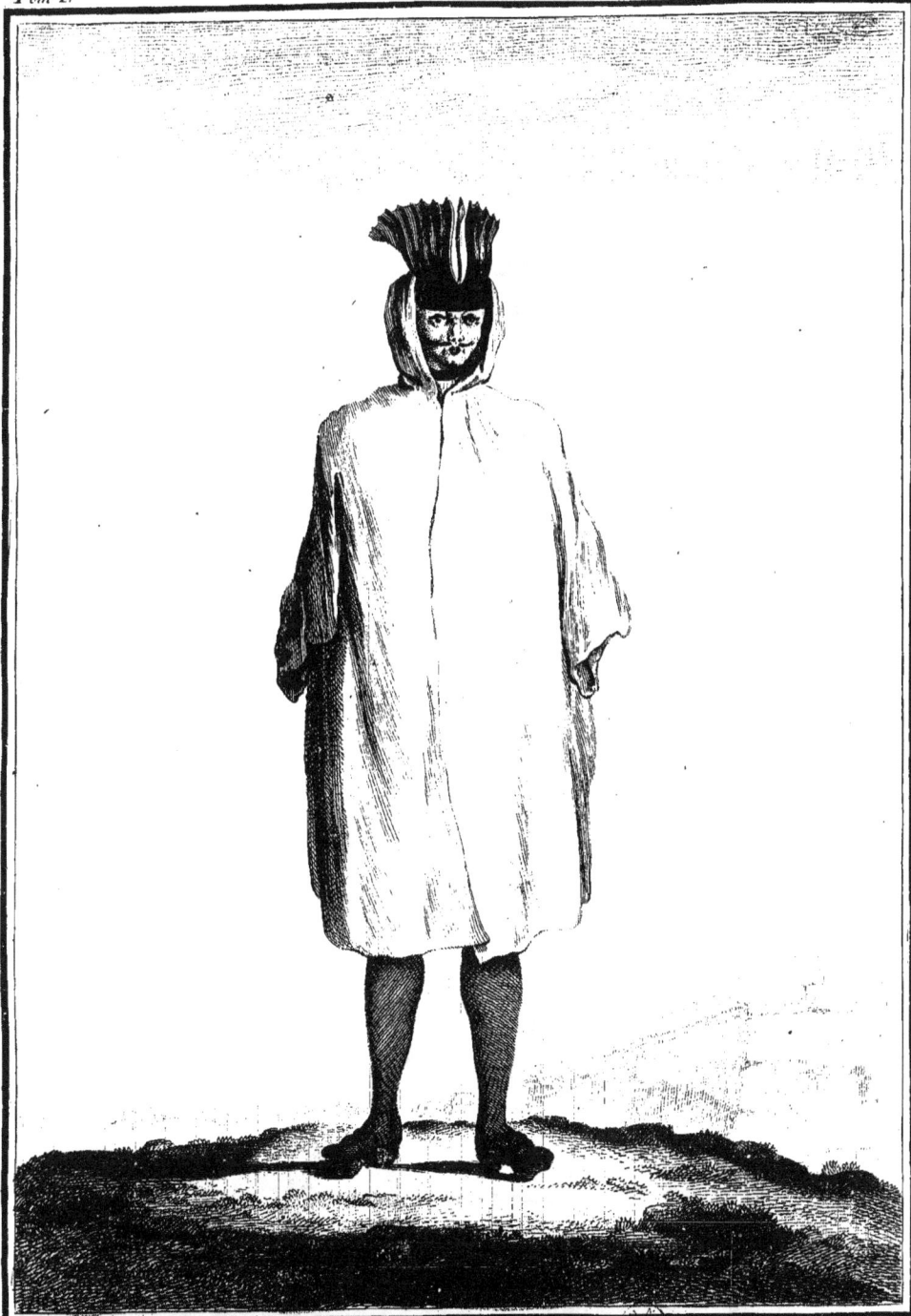

roit réfifter aux fatigues d'une campagne : la
pluie le perce bientôt; &, dès que le foldat eft
couché, il lui tombe de la tête. Le foldat accablé de laffitude s'endort à la pluie & au ferein,
la tête nue; & le lendemain il a la fièvre.

Je voudrois que le foldat eût la tête rafée;
qu'il eût une petite perruque de peau d'agneau
d'Efpagne, de couleur grifaille. Cette perruque
imite la tête naiffante, à ne pouvoir le diftinguer, & coëffe très-bien, quand la coupe en eft
bien faite. Cela coûte environ vingt fols pièce,
& on n'en voit pas la fin. Cela eft très-chaud,
& garantit des rhûmes & des fluxions, & a tout-
à-fait bonne grace. Au lieu de chapeaux, je leur
voudrois des cafques faits en la forme que l'on
peut voir aux planches I, II, III, IV, V & VI. Ils
ne pèfent pas plus que les chapeaux, ne font
point du tout incommodes, garantiffent du
coup de fabre, & font un très-bel ornement.

Je voudrois auffi que le foldat fût vêtu de cette
manière; qu'il eût une vefte un peu ample avec
un petit buffle fait en foubre-vefte, un manteau
à la Turque avec un capuchon; ces manteaux
couvrent bien, & ne contiennent que deux aulnes & demi de drap; ils pèfent peu & coûtent
peu.

Le foldat auroit la tête & le col à couvert de la pluie & du vent ; &, étant couché, il feroit confervé, & auroit le corps fec, parce que cet habillement ne porte point fur le corps : le foldat le fèche à l'air, dès qu'il fait un moment de beau tems. Il n'en eft pas de même d'un habit ; dès qu'il eft mouillé, le foldat en reffent l'humidité jufqu'à la peau, & il faut qu'il lui fèche fur le corps : l'on ne doit donc pas être étonné de voir tant de maladies dans une armée : les plus robuftes y réfiftent le plus long-tems, mais à la fin il faut qu'ils fuccombent. Si l'on ajoute à ce que je viens de dire, le fervice que ceux qui fe portent encore bien font obligés de faire pour ceux qui font malades, pour les morts, les bleffés, les défertés & les commandés, on ne doit pas être étonné de voir, à la fin d'une campagne, cent hommes par bataillons avec les drapeaux. Voilà comme les plus petites chofes influent fur les plus grandes.

Mais je reviens à mes manteaux. Comme ils contiennent peu d'étoffe, ils font légers, ils peuvent fe rouler & s'attacher le long de la giberne *, ce qui ne fait point du tout un vilain effet, & le

* Planche VI.

ſoldat en veſte a toujours l'air ingambe & leſte.
Ces manteaux peuvent durer quatre ans; & les
veſtes, à cauſe de la ſoubreveſte, peuvent auſſi
durer quatre ans : ainſi l'habillement ſeroit moins
coûteux, plus ſain, & pour le moins auſſi parant.

Quant à la chauſſure, je voudrois que les
ſoldats euſſent, au lieu de ſouliers, des eſcar-
pins avec des petits talons de l'épaiſſeur de deux
écus ; ce qui chauſſe parfaitement bien & fait
marcher de meilleure grace, parceque les talons bas font porter la pointe du pied en dehors, tendre le jarret, & effacent par conſéquent les épaules. Il faut qu'ils ſoient chauſſés
à nud ſur le pied, & le pied graiſſé avec du
ſuif ou de la graiſſe. Les damoiſeaux trouve-
ront cela bien étrange : mais l'expérience fait
voir que tous les vieux ſoldats François en uſent
ainſi, parcequ'avec cette précaution ils ne s'é-
corchent jamais les pieds, & l'humidité ne les
pénètre pas ſi aiſément, parcequ'elle ne prend
pas ſur la graiſſe : d'un autre côté, le cuir du
ſoulier ne ſe racornit point, & ne ſçauroit les
bleſſer.

Les Allemands, qui font porter à leur infanterie des bas de laine, ont toujours une quantité

d'eftropiés, parcequ'il leur vient des ampoules, des loups, & toutes fortes de maladies aux pieds & aux jambes, la laine étant venimeufe à la peau : d'ailleurs ces bas fe percent par les bouts, reftent humides, & pouriffent avec les pieds.

A ces efcarpins, il faut ajouter des guêtres d'un cuir délié qui aillent jufqu'au deffus de la moitié de la cuiffe, & qui ne foient fermées avec des tirans que jufqu'à mi-jambe. Le refte doit être en botte, & chauffé à nud, ainfi que les fouliers. Les culottes ne doivent point paffer de beaucoup la moitié de la cuiffe : elles doivent être de peau, & avoir des tirans comme ceux des guêtres, à trois doigts de leurs extrémités : au haut des guêtres, il faut qu'il y ait des boutonnieres, dans lefquelles l'on paffe les tirans de la culotte, qui fe ferme avec un bouton à côté fur la guêtre ; moyennant quoi l'on évite les jarretieres, ce qui n'eft pas une petite affaire. Les Allemands en ont jufqu'à trois l'une fur l'autre ; une pour tenir le bas, l'autre pour fermer la culotte, & la troifième pour arrêter les guê-tres, ce qui eft un vrai martyre.

Pour conferver les pieds fecs, il faut ajou-ter à cette chauffure, des fandales de bois,
à peu

à peu près comme les Récollets en portent : ce
qui empêche que les souliers ne se mouillent ni
dans la boue, ni à la rosée, & lorsqu'ils font
en faction : ce qui est une grande incommo-
dité, & entraîne des maladies. Dans les tems
fecs, pour le combat & pour la parade, on
les leur feroit quitter. Au premier novembre,
on leur donneroit de gros bas pour l'hyver, qui
iroient auffi haut que la guêtre; qu'ils paffe-
roient par-deffus les fouliers & la guêtre*, & qui
feroient arrêtés par en haut avec les mêmes tirans des culottes. Ces bas feroient femelés d'un
cuir mince par dehors, qui remonteroit un peu
fur les côtés & fur le bout du pied; enfuite ils
les chaufferoient dans la fandale : ce qui les tien-
droit chauds, & empêcheroit les maladies aux
jambes, parce qu'il n'y auroit que du cuir qui
y porteroit, lequel est ami de la peau.

* Planche V I.

TOME I.                              C

## ARTICLE TROISIEME.

### *De l'entretien des troupes.*

IL eſt avantageux pour le bon ordre, pour le ménage & pour la ſanté, de faire faire ordinaire aux troupes : le ſoldat ne devient point libertin, ne joue point ſon prêt, & eſt très-bien nourri. Mais cela ne laiſſe pas que d'avoir ſes inconvé-niens, parceque le ſoldat ſe tue, après une mar-che, à aller chercher du bois, de l'eau, &c. il devient maraudeur, il eſt toujours ſale & mal-propre; ſon habillement ſe perd à porter d'un camp à l'autre toutes les choſes néceſſaires à ſon ménage, & ſa ſanté s'altère par toutes les fa-tigues que cela lui cauſe.

Comme je diſpoſe mes troupes en centuries, je voudrois qu'il y eût à chaque centurie un vivandier avec quatre chariots attelés de deux bœufs chacun; qu'il eût une grande marmite pour faire de la ſoupe à toute la centurie; & que l'on donnât à chaque ſoldat ſa portion à midi en ſoupe avec du bouilli, & le ſoir en roti, chacun dans une écuelle de bois. Ce feroit

aux officiers à voir qu'on ne les trompât pas,
& qu'ils n'euſſent pas à ſe plaindre.

Le gain qu'il ſeroit permis aux vivandiers de
faire, ſeroit ſur la boiſſon, le fromage, le ta-
bac, les peaux qui leur reſteroient, &c. Les
vivandiers prendroient les beſtiaux aux vivres :
& lorſqu'on ſe trouveroit en lieu où il y auroit
des légumes, l'on y enverroit avec ordre.

Cela paroît d'abord un peu difficile à arran-
ger ; mais, avec de l'attention, tout le monde
doit y trouver ſon compte. Lorſque les ſoldats iroient en détachement, ils prendroient
pour un ou deux jours de roti avec eux ; cela
ne fait point d'embarras. Il faut plus de bois,
d'eau & de chaudrons pour faire la ſoupe à
cent hommes, qu'il n'en faut pour mille ; & la
ſoupe n'eſt jamais ſi bonne. D'ailleurs les ſoldats mangent toutes ſortes de choſes mal-ſaines
qui les font tomber malades, comme du co-
chon, du fruit qui n'eſt pas mûr, &c. L'officier ne
ſçauroit y avoir l'œil comme à une ſeule marmite, qui ſeroit celle du vivandier, où un officier
ſeroit toujours préſent à chaque repas, pour voir
ſi les ſoldats n'ont pas lieu de ſe plaindre. Quand
il y auroit des marches forcées, & que les équi-

pages ne pourroient pas joindre, on diftribueroit des beftiaux aux troupes; les foldats pourroient faire des broches de bois & rotir leur viande; cela ne fait point d'embarras, & ne dure que quelques jours. Que l'on balance notre méthode & celle-là, je me perfuade qu'on la trouvera meilleure.

Les Turcs en ufent ainfi , & ils font parfaitement bien nourris : auffi reconnoît - on bien leurs cadavres, après les batailles, d'avec ceux des troupes Allemandes qui font hâves & décharnés. Cela a un autre avantage dans certains cas : on ménage la bourfe du maître en leur donnant le prêt en entier, & en leur vendant des vivres. Il y a des pays, comme la Pologne & l'Allemagne, qui fourmillent de beftiaux: l'on demande aux habitans des contributions; & pour qu'ils puiffent les foutenir, on prend moitié en vivres, & moitié en argent; on vend les vivres aux troupes : ainfi tout le prêt & les appointemens font continuellement la navette, & il fe trouve qu'on a de l'argent & des contributions de refte; ce qui ne laiffe pas de faire un grand objet.

Cela a encore une grande utilité, quand on

a été obligé de faire des magazins, & qu'il est tems de les confommer. On y envoie des troupes, fur quoi il y a toujours beaucoup moins de perte pour le maître, fans que les troupes aient lieu de s'en plaindre.

Il ne faut jamais donner le pain aux foldats en campagne, mais les accoutumer au bifcuit; parcequ'il fe conferve cinquante ans & plus dans les magazins, & qu'un foldat en emporte aifément avec lui pour quinze jours : il eft fain; il n'y a qu'à s'informer à des officiers qui aient fervi chez les Vénitiens, pour fçavoir le cas que l'on doit faire du bifcuit. Celui des Mofcovites, qu'ils nomment *Soukari*, eft le meilleur de tous, parcequ'il ne s'émiette pas ; il eft quarré, & de la groffeur d'une noifette; il ne faut pas tant de chariots pour le tranfporter qu'il en faut pour le pain.

Les pourvoyeurs des vivres font accroire, tant qu'ils peuvent, que le pain vaut mieux pour le foldat; mais cela eft faux, & ce n'eft que pour avoir occafion de voler qu'ils cherchent à le perfuader. Ils ne cuifent le pain qu'à moitié, & y mêlent toutes fortes de chofes mal faines qui, avec la quantité d'eau qu'il contient, augmentent

le poids & le volume du double. Outre cela, ils
ont un train de boulangers, de valets, de chariots & de chevaux, fur quoi ils gagnent beaucoup. Tout ce train eft embarraffant dans une
armée; il leur faut des quartiers, des moulins,
& des détachemens pour les garder. Enfin l'on
ne fçauroit croire les voleries qui fe commettent,
l'embarras que toutes ces chofes font, les maladies qui réfultent du mauvais pain, les fatigues
que cela caufe aux troupes, & dans quel embarras cela jette le général, & quelles en font
les fuites, comme la certitude dans laquelle
l'ennemi eft toujours de ce que vous allez faire
par l'arrangement de vos fours & des cuiffons.
Si je voulois m'amufer à prouver tout ce que
j'avance par des faits, je n'aurois pas fi-tôt fait;
& je fuis perfuadé que l'on voit beaucoup de
mauvais fuccès, dont on attribue la caufe à autre chofe, lefquels proviennent cependant de
celle-là.

Il faut même accoutumer quelquefois les foldats à fe paffer de bifcuit, & leur donner du grain
qu'il faut leur apprendre à cuire fur des palettes
de fer, après l'avoir broyé, & réduit en pâte avec
de l'eau. Monfieur le maréchal de Turenne dit

quelque chofe à cet égard dans fes mémoires :
& j'ai oüi dire à des grands capitaines que, quand
même ils auroient du pain, ils en laifferoient
quelquefois manquer aux troupes, afin de les
accoütumer à fçavoir s'en paffer. J'ai fait des
campagnes de dix-huit mois avec des troupes
qui étoient accoutumées à fe paffer de pain, fans
que j'aie entendu de murmures : j'en ai fait plufieurs autres avec des troupes qui y étoient accoutumées, elles ne pouvoient s'en paffer ; dès
que le pain manquoit un jour, tout étoit perdu :
cela faifoit que l'on ne pouvoit faire un pas en
avant, ni aucune marche hardie.

Pour de la viande, on eft toujours en état d'en
avoir, parceque cela fuit partout, & le tranfport n'en coûte rien ; & je ne conçois pas comment l'on peut en manquer. Que l'on compte
qu'un bœuf pèfe cinq cent livres ; il faut une
demie livre de viande par homme ; ainfi un
bœuf nourrira mille hommes : cinquante mille
hommes confommeront donc cinquante bœufs
par jour. Suppofé que la campagne dure deux
cent jours, cela ne fait jamais que dix mille
bœufs, & cela fuit & pâture partout ; & l'on en
fait différens dépôts que l'on peut faire avan-

cer, à mefure que les befoins le requièrent.

Je ne dois pas ici paffer fous filence un ufage établi chez les Romains, par lequel ils préve-noient les maladies & les mortalités qui fe mettent dans les armées par les changemens de climat. On doit auffi attribuer à cet ufage une partie des prodigieux fuccès qu'ils ont eus. Un grand tiers des armées Allemandes périffent en arrivant en Italie & en Hongrie. L'année 1718, nous entrâmes cinquante-cinq mille hommes dans le camp de Belgrade, prefqu'en fortant des quartiers. Il eft fur une hauteur, l'air y eft fain, l'eau de fource y eft bonne, & nous avions abon-dance de toutes chofes. Le jour de la bataille, qui étoit le 18 août, il ne fe trouva que vingt-deux mille combattans fous les armes : tout le refte étoit mort, ou hors d'état d'agir. Je pour-rois citer de pareils événemens chez d'autres nations; c'eft le changement de climat qui les produit. L'on ne voit point de ces exemples chez les Romains, tant que le vinaigre ne leur man-quoit pas : mais dès que l'*acetum* leur manquoit, ils étoient fujets aux mêmes accidens que nos troupes le font à préfent. C'eft un fait, auquel peut-être peu de perfonnes ont fait attention, &

qui

qui cependant eſt d'une très-grande conſéquence
pour les conquérans & pour les ſuccès. Quant
à la manière de s'en ſervir, les Romains faiſoient
diſtribuer le vinaigre par ordre : chaque ſoldat
avoit ſa portion qui lui ſervoit pluſieurs jours,
& il en verſoit une larme dans l'eau qu'il bu-
voit. Je laiſſe aux médecins à pénétrer les cauſes
d'un effet ſi ſalutaire : ce que je rapporte eſt un
fait bien conſtant.

# ARTICLE QUATRIEME.

## *De la paye..*

SANS entrer dans le détail des différentes payes, je dirai feulement qu'elle doit être forte. Il vaut mieux avoir un petit nombre de troupes bien entretenues & bien difciplinées, que d'en avoir beaucoup qui ne le foient pas. Ce ne font pas les grandes armées qui gagnent les batailles, ce font les bonnes. L'économie ne peut être pouf-fée qu'à un certain point : elle a fes bornes, après quoi elle dégénère en léfine. Si vous ne donnez pas des appointemens honnêtes aux officiers, vous n'aurez que des gens riches qui fervent par libertinage, ou des miférables dont le courage eft abbattu. Des premiers, j'en fais peu de cas, parcequ'ils ne tiennent pas au mal-être, ni à la rigueur de la difcipline ; leurs pro-pos font toujours féditieux, & ce ne font que francs libertins. Quant aux autres, ils font fi abbattus, que l'on n'en fçauroit attendre grande vertu ; leur ambition eft bornée, parceque l'objet qu'ils ont devant eux ne les intéreffe guère, je veux dire l'avancement : & miférable pour miférable, ils aiment autant refter ce qu'ils font, furtout quand l'avancement leur devient à charge.

L'efpérance fait tout endurer & tout entreprendre aux hommes : fi vous la leur ôtez, ou qu'elle foit trop éloignée, vous leur ôtez l'ame. Il faut que le capitaine foit mieux que le lieutenant : ainfi de tous les grades. Il faut que le pauvre gentil-homme regarde comme une fortune très-confidérable, & non comme une charge, d'avoir un régiment : il faut qu'il ait une fureté morale de parvenir par fes actions & fes fervices. Lorfque toutes ces chofes font bien compaffées, vous pouvez contenir vos troupes dans la difcipline la plus auftère. Il n'y a de vraiment bons officiers que les pauvres gentils-hommes qui n'ont que la cape & l'épée : mais il faut qu'ils puiffent vivre de leurs emplois. L'homme qui fe voue à la guerre, doit la regarder comme un ordre dans lequel il entre : il ne doit rien avoir, ni connoître d'autre domicile que fa troupe, & doit fe tenir honoré de fon emploi.

En France, un jeune homme de naiffance

D ij

regarde comme un mépris que la cour fait de
lui, fi elle ne lui confie pas un régiment à
l'âge de dix-huit ou vingt ans. Cela ôte toute
émulation au refte des officiers, & à toute la
pauvre nobleffe d'un royaume, qui eft prefque
dans la certitude de ne pouvoir jamais avoir de
régiment, & par conféquent les poftes les plus
confidérables, dont la gloire puiffe les dédom-
mager des peines & des fouffrances d'une vie
laborieufe qu'ils facrifient avec conftance à un
avenir flatteur & à la renommée.

Je ne prétens pas pour cela que l'on ne puiffe
marquer quelque préférence à des princes, ou
autres perfonnes d'un rang illuftre : mais il faut
que ces marques de préférence foient juftifiées
par un mérite diftingué ; alors on peut leur
faire la grace de leur permettre d'acheter un
régiment d'un pauvre gentilhomme que les infirmités ou l'âge mettent hors d'état de fervir :
c'eft alors une récompenfe pour ce gentilhomme
ou cet officier de fortune. Mais cet homme de
naiffance ne doit pas pour cela être en droit de re-
vendre fa troupe à un autre : on lui a fait affez de
grace en lui permettant de l'acheter, & elle doit
redevenir le prix des fervices & de la vertu.

## ARTICLE CINQUIEME.

### *De l'exercice.*

C'EST une chofe néceffaire que l'exercice,
pour dégager le foldat & le rendre adroit ; mais
on ne doit pas y mettre toute fon attention :
c'eft même de toutes les parties de la guerre
celle à laquelle il en faut faire le moins, fi l'on
en excepte d'éviter celles qui font dangereufes,
comme de faire porter le fufil fur le bras gauche & de faire tirer par pelotons ; ce qui a fouvent caufé des défaites honteufes.

Après cette attention, le principal de l'exercice font les jambes, & non pas les bras : c'eft
dans les jambes qu'eft tout le fecret des manœuvres & des combats ; c'eft aux jambes qu'il faut
s'appliquer. Quiconque fait autrement n'eft
qu'un ignorant, & n'en eft pas feulement aux
élémens de ce qu'on appelle le métier de la
guerre.

Le chevalier Follard définit affez bien la
queftion qui s'élève quelquefois ; fçavoir, fi

la guerre eft un métier ou une fcience ? Il dit:
» La guerre eft un métier pour les ignorans, &
» une fcience pour les habiles gens. «

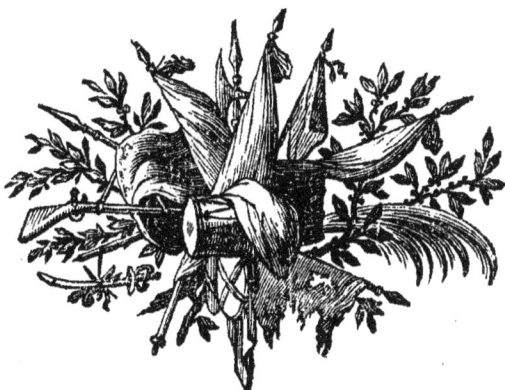

# ARTICLE SIXIEME.

*De la manière de former les troupes pour le combat.*

Après avoir parlé de la manière de lever les troupes, de celle de les habiller, & de celle de les entretenir, il est juste que je parle de celle de les former pour le combat.

Cette matière est très-ample; & je me propose de la traiter d'une manière si différente du respectable usage, que je serai peut-être bien ridicule : pour le paroître un peu moins, il faut que je fasse voir celui de la méthode d'à présent; ce qui n'est pas une petite affaire, car j'en composerois un gros livre.

Je commencerai par la marche : cela me met dans la nécessité de dire une des choses qui paroîtra des plus extravagantes aux ignorans.

Personne ne sçait ce que c'est que la *tactique* des anciens. Cependant beaucoup de militaires ont souvent ce mot à la bouche, & croient que c'est l'exercice ou l'ordonnance des troupes pour les mettre en bataille. Tout le monde fait battre la marche, sans en sçavoir l'usage; & tout le

monde croit que ce bruit eſt un ornement militaire.

Il faut avoir meilleure opinion des anciens &
des Romains, qui ſont nos maîtres, ou qui de-
vroient l'être. Il eſt abſurde de croire que les bruits
de guerre ſervent uniquement pour s'étourdir
les uns les autres. Mais revenons à la marche,
ſur laquelle je vois que tout le monde ſe tour-
mente & ſe tue, & dont on ne viendra jamais à
bout, ſi je n'en découvre le ſecret. Les uns veulent marcher lentement, les autres veulent marcher vîte : mais qu'eſt-ce que c'eſt que des
troupes que l'on ne ſçauroit faire marcher vîte
& lentement, comme l'on veut, & ſelon qu'on
en a beſoin, auſquelles il faut à chaque coin un
officier pour les faire tourner, les uns comme
des limaçons, les autres en courant, pour faire
avancer cette queue qui traîne toujours, &c ?
C'eſt un opéra que de voir ſeulement un bataillon ſe mettre en mouvement : on diroit que
c'eſt une machine mal agencée qui va rompre
à tout moment, & qui ne s'ébranle qu'avec une
peine infinie. Veut-on avancer promptement la
tête ? Avant que la queue ſçache que la tête
marche vîte, il ſe fera des intervalles ; & pour
les

les regagner promptement, il faudra que la
queue coure à toutes jambes; la tête qui suit
cette queue fera la même chose; ce qui met
bientôt tout en désordre, & qui vous met dans
la nécessité de ne jamais pouvoir faire marcher
vos troupes avec célérité, parceque vous n'osez
faire marcher vîte cette tête.

Le moyen de remédier à tous ces inconvéniens, & à d'autres qui en résultent & qui sont
d'une bien plus grande conséquence, est cependant bien simple, puisque la nature nous le
dicte. Le dirai-je, ce grand mot, en quoi consiste tout le secret de l'art, & qui va sans doute
paroître ridicule? Faites-les marcher en cadence.
Voilà tout le secret, & c'est le pas militaire des
Romains. C'est pourquoi les marches sont insti-
tuées, & pourquoi l'on bat la caisse : c'est ce que
personne ne sçait, & dont personne ne s'avise.
Avec cela vous ferez marcher vîte & lentement
comme vous voudrez; votre queue ne traînera
jamais; tous vos soldats iront du même pied ;
les quarts de conversions se feront ensemble avec
célérité & grace; les jambes de vos soldats ne se
brouilleront pas; vous ne serez pas obligé d'arrêter à chaque conversion pour faire repartir du

TOME I.                                    E

même pied ; vos foldats ne fe fatigueront pas le quart de ce qu'ils fe fatiguent à préfent. Ceci va encore paroître extraordinaire. Il n'y a per-fonne qui n'ait vu danfer des gens pendant toute une nuit, en faifant des fauts & des hauts-le-corps continuels. Que l'on prenne un homme, qu'on le faffe danfer pendant un quart d'heure feulement fans mufique, & que l'on voie s'il y réfiftera ; cela prouve que les ĩons ont une fe-crette puiffance fur nous, qu'ils difpofent nos organes aux exercices du corps, & les foulagent dans cet exercice.

Si quelqu'un me fait la queftion, & me de-mande quel air il faut jouer pour faire mar-cher un homme ? Je lui répondrai, fans récrimi-ner fur la plaifanterie, que toutes les marches, tous les airs à deux & trois tems y font propres ; les uns plus, les autres moins, felon qu'ils font plus ou moins marqués ; que tous ces airs fe jouent fur le tambour & avec le fiffre, & qu'il n'y a qu'à choifir les plus convenables.

On me dira peut-être que bien des hommes n'ont pas d'oreille. Cela eft faux : ce mouvement eft naturel, & fe fait, pour ainfi dire, de foi-même. J'ai fouvent remarqué qu'en battant le dra-

peau, tous les foldats alloient en cadence fans intention & fans qu'ils le fçuffent : la nature & l'inf-
tinct y portent de foi-même. Je dirai plus : il eft
impoffible de faire aucune évolution fur un
ordre ferré fans le tact; & je le prouverai en fon
lieu.

A confidérer fuperficiellement ce que je viens
de dire, il ne paroît pas que cette cadence foit
d'une grande importance : mais dans une bataille, pour augmenter la rapidité de la marche,
ou pour la diminuer, cela tire à des conféquences
infinies. Le pas militaire des Romains n'étoit
autre chofe : c'eft avec ce pas qu'ils faifoient en
cinq heures vingt-quatre milles, qui font huit
lieues d'une heure de chemin. Que l'on prenne
à préfent un corps d'infanterie, & que l'on voie
s'il eft poffible de lui faire faire huit lieues en
cinq heures. Cela faifoit cependant parmi eux
la principale partie de l'exercice. De-là on peut
juger de l'attention qu'ils donnoient à tenir leurs
troupes en haleine, & de la puiffance du tact.

Que dira-t-on, fi je prouve qu'il eft impoffible
de charger vigoureufement l'ennemi fans cette
cadence; & que, fans cela, on arrive toujours
fur lui à rangs ouverts? Quel défaut monftrueux!

Je pense cependant que, depuis trois ou quatre
cent ans, perſonne n'y a fait attention.

Il faut maintenant un peu éplucher notre manière de former les bataillons, & celle de combattre. Ceux qui l'entendent le mieux, diviſent
le bataillon en ſeize parties que chacun nómme
à ſa façon : l'on met une compagnie de grenadiers
ſur une aîle, un piquet ſur l'autre ; voilà la façon
uſitée & reçue. Ce bataillon eſt à quatre de hauteur, & marche en avant en front pour attaquer
l'ennemi ; & cela pour avoir, dit-on, un grand
front.

Les bataillons ſe touchent les uns les autres ;
car l'infanterie eſt toute enſemble & la cavalerie auſſi ( à quoi, en vérité, il n'y a pas de ſens
commun ) ; mais nous en parlerons dans ſon
lieu. Ces bataillons marchent donc en avant,
& cela bien lentement, parcequ'ils ne peuvent
faire autrement : les majors crient, *ſerre :* on
ſerre vers le centre, inſenſiblement le centre
crève ; & dans le centre, on ſe trouve à huit de
hauteur, & ſur les aîles, à quatre, ce qui fait
des intervalles entre les bataillons. Il n'y a perſonne, qui ſe ſoit trouvé à des affaires, qui ne
convienne de ce fait. La tête tourne aux majors,

parceque le général, à qui elle tourne auffi, crie
après eux, lorfqu'il voit ces vuides entre les bataillons, qui lui font craindre d'être pris dans les
flancs. Il eft donc obligé de faire halte; ce qui
devroit le perdre : mais comme l'ennemi eft tout
auffi mal difpofé, le mal n'eft pas grand. Un
homme qui auroit de l'intelligence ne s'arrêteroit pas à remédier à cette confufion, mais il marcheroit en avant; car pendant que l'on y remédie, fi l'ennemi s'ébranle, l'on eft perdu. Qu'arrive-t-il? on commence à tirer de part & d'autre, ce qui eft le comble de la misère. Enfin on
s'approche; & l'un des deux partis ordinairement s'enfuit à cinquante ou foixante pas, plus
ou moins. Voilà ce qui s'appelle charger. D'où
cela vient-il? de ce que la mauvaife difpofition
empêche qu'on ne puiffe faire mieux. Mais je
veux fuppofer une chofe impoffible. Je veux
que deux bataillons s'attaquant, marchent l'un
à l'autre fans flottement, fans fe doubler, fans fe
rompre : lequel emportera l'avantage? celui qui
s'eft amufé à tirer, ou celui qui n'aura pas tiré?
Les gens habiles me diront que c'eft celui qui
a confervé fon feu, & ils auront raifon : car outre que celui qui a tiré eft décontenancé, s'il voit

marcher à lui à travers la fumée, il faut qu'il s'arrête; or celui qui s'arrête lorfque l'autre marche à lui, eft perdu.

Si la dernière guerre* avoit duré encore quelque tems, l'on fe feroit battu indubitablement de part & d'autre à l'arme blanche; parceque l'on commençoit à connoître l'abus de la tirerie, qui fait plus de bruit que de mal, & qui fait toujours battre ceux qui s'en fervent. Or, fi on ne tiroit plus, je crois que l'on changeroit bien vîte la méthode de fe mettre à quatre de hauteur fur un grand front, & les armes que l'on a à préfent : car à quoi ferviroit ce front lent & pefant à s'émouvoir, contre des gens qui marcheroient avec plus de célérité, & qui fe remueroient avec plus d'aifance? Mais, pour rendre ceci plus intelligible, il faut que j'en donne un exemple plus palpable.

Suppofons donc un bataillon de fix cent hommes, & quatre bataillons faifant auffi fix cent hommes, qui feroient difpofés ainfi †. A, eft celui qui eft rangé à l'ordinaire; B, font ceux que je

---

* Il faut obferver que M. le maréchal écrivoit ceci en 1732 : ainfi il s'agit de la guerre pour la fucceffion d'Efpagne.

† Planche VII.

*RÉGIMENT formé en Bataillon.*

*pour charger contre de l'Infanterie.*

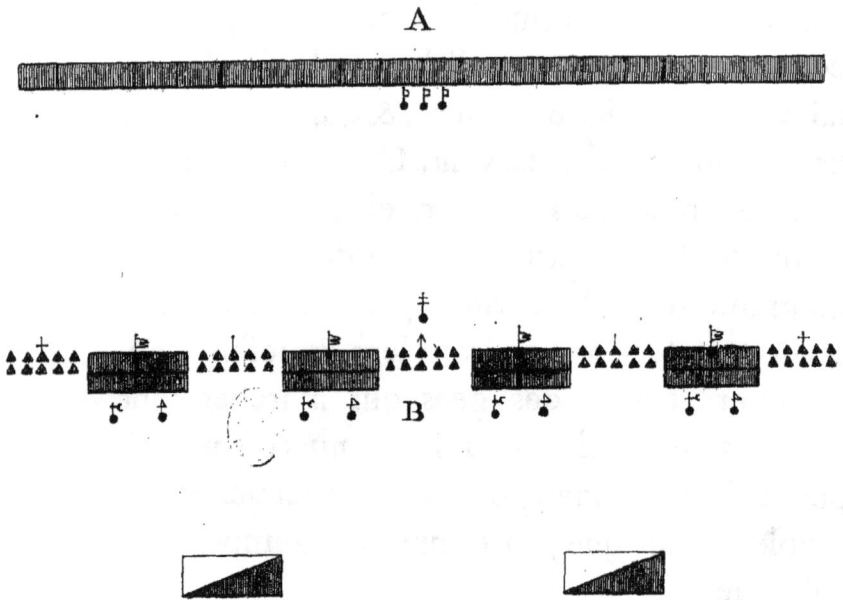

*Echelle de*

30    60    90    120    150    180 *pieds*

range à ma façon & qui font à huit de hauteur :
n'eft-il pas vrai qu'ils occupent bien pour le
moins le même front, & que je fuis le maître
de leur en faire occuper un plus grand, ce que
l'autre bataillon ne fçauroit faire? Je le débor-
derai toujours, en donnant un ou deux pas de
plus à mes intervalles, & je demeure plus fort
que l'ennemi : je fuis toujours à huit de profondeur, contre des gens qui ne font qu'à quatre :
je n'ai ni flottement, ni doublement à craindre,
rien qui m'arrête ; je ferai deux cent pas, plus
vîte qu'il n'en fera cent : à l'arme blanche, je
l'aurai percé dans un moment; &, s'il tire, il eft
perdu. Que fera-t-il? Se rompra-t-il devant moi,
pour me prendre dans les flancs de mes divifions? Il ne l'oferoit. Mes intervalles font trop
petits, les armes de longueur s'y croifent, il feroit percé & en confufion, en faifant ce mouvement. Se mettra-t-il à tirer? Comme rien ne
m'arrête plus en chemin, parceque je n'ai ni
doublement ni flottement à craindre, il en feroit
mauvais marchand.

C'eft la pure méthode des Romains, & c'eft
auffi la meilleure. Reconnoiffons-les pour nos
maîtres, & imitons-les. On me dira, Mais les

Romains n'avoient pas de poudre. Il eft vrai. Mais leurs ennemis avoient des armes de trait qui faifoient à peu près le même effet. D'ailleurs la poudre n'eft pas fi terrible qu'on le croit : peu de gens, dans les affaires, font tués par devant ou de bonne guerre. J'ai vu des falves entières ne pas tuer quatre hommes ; & je n'en ai jamais vu, ni perfonne je penfe, qui ait caufé un dommage affez confidérable pour empêcher d'aller en avant, & de s'en venger à grands coups de baïonettes dans les reins, & à coups de fufils tirés à brûle-pourpoint : c'eft là où il fe tue du monde, & c'eft le victorieux qui tue.

A la bataille de Caftiglione *, monfieur de Reventlau, qui commandoit l'armée Impériale, avoit rangé fon infanterie fur un plateau, & avoit ordonné à cette infanterie de laiffer approcher l'infanterie Françoife à vingt pas, efpérant

---

* On a laiffé Caftiglione, parce qu'on lit ainfi dans le manufcrit du maréchal : cependant il y a apparence que c'eft une faute. Ce fut près de Calcinato que le duc de Vendôme défit entièrement le comte de Reventlau le 19 avril 1706. Cette affaire s'appelle la bataille de Calcinato. Il y eut une bataille auprès de Caftiglione le 9 de feptembre de la même année ; mais le duc de Vendôme n'étoit plus en Italie. Il avoit été appellé en Flandres peu après la funefte journée de Ramilly. L'affaire de Caftiglione fe paffa entre le comte de Médavi, & le prince de Heffe, depuis roi de Suède, fur lequel le comte remporta une victoire complette.

la

la détruire par une décharge générale. Ces troupes exécutèrent ponctuellement l'ordre qu'elles
avoient reçu. Les François montèrent, par des
endroits affez rudes, la côte qui les féparoit des
Impériaux, & fe rangèrent fur le plateau vis-
à-vis l'ennemi : ils avoient ordre de ne point
tirer du tout. Et comme monfieur de Vendôme
jugeoit à propos de ne point faire attaquer,
qu'on n'eût auparavant pris une cenfe qui
étoit fur la droite, les troupes reftèrent un long
efpace de tems à fe regarder de très-près : enfin
elles reçurent l'ordre d'attaquer. Les Impériaux
les laifsèrent approcher de vingt ou vingt-cinq
pas, préfentèrent les armes, & ils tirèrent bien
de fang-froid, & avec toutes les précautions que
l'on peut prendre : ils furent rompus avant que
la fumée eût eu le tems de fe diffiper. De ces
derniers, il y en eût beaucoup de tués à grands
coups de fufils & de baïonettes dans les reins, &
le défordre fut général.

A la bataille de Belgrade *, j'ai vu tailler en
pièces deux bataillons dans un inftant : voici
comme l'affaire fe paffa. Un bataillon de Neuperg & un de Lorraine fe trouvèrent fur une

* Le 16 soût 1717.

hauteur que nous appellions la batterie. Dans le
moment qu'un coup de vent diffipa le brouillard
qui nous empêchoit de rien diftinguer, je vis
ces troupes, fur la crête de la hauteur, féparées
du refte de notre armée. Le prince Eugêne me
demanda fi j'avois la vue bonne, & ce que c'é-
toit qu'une troupe de cavaliers qui faifoient le
tour de la montagne : je lui répondis que c'é-
toit trente ou quarante Turcs. Il me dit: *ces gens
font renverfés* , voulant parler des deux bataillons. Je ne voyois cependant pas qu'ils fuffent
attaqués, ni qu'ils duffent l'être ; parceque je ne
pouvois voir ce qu'il y avoit de l'autre côté de
la montagne. J'y pouffai à toutes jambes. Dans
le moment que j'arrivai derrière les drapeaux de
Neuperg, je vis que les deux bataillons préfentèrent les armes, couchèrent en joue, & firent
une décharge générale à trente pas fur un gros
de Turcs qui les attaquoit. Le feü & la mêlée ne
furent qu'une même chofe; & les deux bataillons n'eurent pas le tems de fuir, car tout fut
étendu fur le carreau à coups de fabre, dans un
terrein de trente à quarante pas : il ne s'en fauva
que monfieur de Neuperg, qui étoit heureufe-
ment pour lui à cheval, un enfeigné avec fon

drapeau qui fe jetta aux crins de mon cheval &
m'embarraffa fort, & deux ou trois foldats.

Dans ce moment, le prince Eugêne arriva
prefque tout feul, c'eft-à-dire, avec la *troupe
dorée*, & les Turcs fe retirèrent; je ne fçais pas
trop pourquoi. Ce fut là que monfieur le prince
Eugêne reçut un coup de fufil au travers de la
manche. Quelques troupes de cavalerie & d'infanterie arrivèrent; & monfieur de Neuperg fut
au-devant d'elles leur demander un détachement pour conferver l'habillement. On mit des
fentinelles aux quatre coins du terrein qu'occupoient ces défunts bataillons, & l'on fit faire
des piles de fouliers, de chapeaux, de bas, &c.
de leurs dépouilles. Enfin, pendant que cette
cérémonie fe faifoit, je m'amufai à compter les
morts; & je ne trouvai que trente-deux Turs de
tués de la décharge générale de ces deux bataillons : ce qui n'a pas augmenté l'eftime que j'ai
pour le feu de l'infanterie.

Feu monfieur de Greder, homme de réputation, & qui a longtems commandé le régiment d'infanterie que j'ai en France, avoit toujours pour méthode de faire porter le moufquet fur l'épaule dans les affaires : & pour être

encore plus maître du feu, il ne faifoit point
compaffer les mêches, marchoit ainfi aux ennemis, & dans l'inftant qu'ils commençoient à
tirer, il fe jettoit devant les drapeaux, l'épée à
la main, & crioit, *à moi ;* cela lui a toujours
réuffi : c'eft ainfi qu'il défit les gardes de Frife
à la bataille de Fleurus. *

Il me femble que tout ce que je viens de dire
eft appuyé fur l'expérience & la raifon, & prouve
que ces grands bataillons ont de terribles défauts; car ils ne font bons qu'à tirer : auffi ne
font-ils formés que pour cela. Quand donc cette
tirerie n'y fait rien, ils ne valent plus rien, & il
n'y a qu'à fe fauver; auffi eft-ce le parti que l'on
prend : ce qui fait voir que chaque chofe tombe
comme de foi-même dans fon point d'équilibre.
Dirai-je je d'où je crois que nous eft venue cette
belle méthode? Je penfe que c'eft des revues.
Cette façon de fe ranger fait une plus belle montre; & infenfiblement l'on s'y eft fi bien accoutumé, que l'on en a fait celle de combattre. L'on
a appuyé cette ignorance, ou cet oubli des bonnes chofes, de raifons apparentes : on a trouvé
que cela faifoit un plus grand front, & qu'on

---

* Le premier juillet 1690.

pouvoit mieux employer le feu : j'en ai même vu qui mettoient les bataillons à trois de hauteur; mais mal en a pris à ceux qui l'ont fait. Sans cela, je crois, dieu me pardonne, que nous ferions à deux, & peut-être à un de hauteur; car j'ai toute ma vie entendu dire qu'il falloit bien s'étendre , pour pouvoir embraffer l'ennemi : quelle abfurdité!

Mais il n'eft pas encore queftion de tout cela. Je dois démontrer auparavant ma méthode de former les régimens, les légions & la cavalerie; parcequ'il faut bien tabler fur un principe & fur un ordre de combattre, que la variété des lieux change à la verité, mais qu'elle ne doit pas détruire.

# CHAPITRE DEUXIEME.

## DE LA LÉGION.

Les Romains ont vaincu toutes les nations par leur difcipline : ils fe font fait de la guerre une méditation continuelle; & ils ont toujours renoncé à leurs ufages, fitôt qu'ils en ont trouvé de meilleurs : différens en cela des Gaulois, qu'ils ont vaincus pendant plufieurs fiècles, fans que ces derniers aient fongé à fe corriger. Leur légion étoit un corps fi formidable, qu'elle entreprenoit les plus grandes chofes. *C'eft fans doute un dieu*, dit Végèce, *qui leur infpira la légion.* J'en ai eu la même opinion depuis long-tems : & c'eft ce qui m'a rendu plus fenfible aux défauts de nos ufages.

Comme ce que j'écris n'eft qu'un pur jeu pour diffiper mes ennuis, je veux donner carrière à mon imagination.

Je formerai donc mes corps d'infanterie en

légions compofées de quatre régimens chacune ;
& chaque régiment de quatre centuries d'infan-
teries, d'une demie centurie d'armés à la légère,
& d'une demie centurie de cavalerie.

J'appellerai ces centuries, bataillons, quand
elles feront formées en corps féparé ; & celles de
la cavalerie, efcadrons, pour me conformer à
notre ufage, ce qui rapprochera les idées.

Chaque centurie, tant de l'infanterie que
de la cavalerie, fera compofée de dix compagnies ; & chaque compagnie, de quinze
foldats, ainfi que les détails qui fuivent le feront
voir. Il faut concilier, dans une monarchie, le
bon état des troupes avec l'économie : pour cela, il convient de former fes troupes fur trois
pieds, que nous nommerons pied de paix, pied
de guerre, & grand pied de guerre.

Lorfque l'état eft dans une paix profonde, les
compagnies doivent être compofées d'un fergent, d'un caporal, & de cinq vétérans. Lorfque l'on veut être armé, elles doivent l'être d'un
fergent, d'un caporal, & de dix hommes, ce qui
fait cinq hommes d'augmentation. Lorfque la
guerre eft déclarée, ou que l'on veut la déclarer,
elles doivent être d'un fergent, d'un caporal, de

quinze hommes : ce qui fait une augmentation
de feize cent par légion, fans que l'on foit
obligé de faire des fergens, caporaux, officiers, ce qui eft toujours le plus difficile à former : de plus, parmi les cinq vétérans, il vous
refte toujours un fonds pour remplacer ceux-ci.
Je ne fuis point du tout pour les nouveaux régimens ; quelquefois ils ne valent rien au bout
de dix années de guerre, & c'eft de l'argent
jetté à la rivière.

Quant à la cavalerie, il n'y faut jamais
toucher ; les vieux cavaliers & les vieux chevaux font les bons, & tout ce qui eft recrues
n'y vaut abfolument rien. C'eft une charge,
c'eft une dépenfe ; mais elle eft indifpenfable.

Quant à l'infanterie, pourvu qu'il y ait de
vieilles têtes, l'on fait des queues tant que l'on
veut. Elle eft en plus grand nombre : & le
renvoi de cette quantité d'hommes, à une paix,
fait un bien fenfible à un état, fans que les
forces militaires en foient de beaucoup diminuées.

Je vais mettre les troupes, felon mon fyftême, fur le grand pied de guerre, parceque
j'ai à parler de la guerre.

Les

Les centuries d'infanterie feront donc ainfi compofées :

ETAT D'UNE CENTURIE.

Centurion, . . . . . . . . 1
Lieutenant, . . . . . . . . 1
Seconds lieutenans, . . . . . 4
Enfeigne , . . . . . . . . 1
Sergent d'affaire, . . . . . . 1
Fourier, . . . . . . . . . 1
Capitaine d'armes, . . . . . 1
Fiffre , . . . . . . . . . 1
Tambours , . . . . . . . . 3
Dix compagnies à dix-fept hommes, . 170

*Total d'une centurie* , . . . . 184

ETAT D'UNE COMPAGNIE.

Sergent, . . . . . . . . . 1
Caporal, . . . . . . . . . 1
Soldats , . . . . . . . . . 15

*Total d'une compagnie* , . . . . 17

\* Les deux demi-centuries d'armés à la lé-

\* P'anches VIII, IX, X, XI.

TOME I. G

gère & de cavalerie, ne doivent être que de dix par compagnie, y compris les fergens & caporaux, parcequ'elles fe recrutent du régiment.

Quant aux autres, qui font les pefamment armés, ce qui fait le fonds de l'infanterie, la diminution n'y fait rien ; car les divifions reftent toujours les mêmes, quand même on feroit réduit au pied de paix, c'eft-à-dire à cinq foldats ; ce qui fait un grand avantage, & le fondement folide de toute votre infanterie ; parcequ'en tems de paix, après des pertes & des réformes, votre manœuvre refte toujours la même, & eft permanente, ce qui eft d'une conféquence infinie : car il n'eft pas croyable combien les changemens nuifent. J'ai vu, après de longues paix, les troupes d'un même maître fe reffembler fi peu, pour la manœuvre & la difpofition intrinfèque des corps, que l'on auroit dit que c'étoient des troupes de plufieurs nations raffemblées.

Il faut donc établir un principe, & ne s'en jamais écarter. Il faut que perfonne ne l'ignore ce principe, parcequ'il eft la bafe de tout le genre militaire ; & vous ne fçauriez l'affurer,

*ÉTAT,*

*de differentes Compagnies,*

*suivant le pied de Paix A; du Complet B et de Guerre C.*

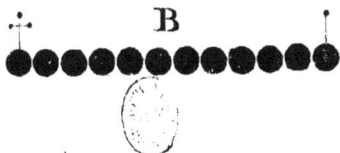

A

B

C

# CENTURIE,

### Suivant le pied de Paix.

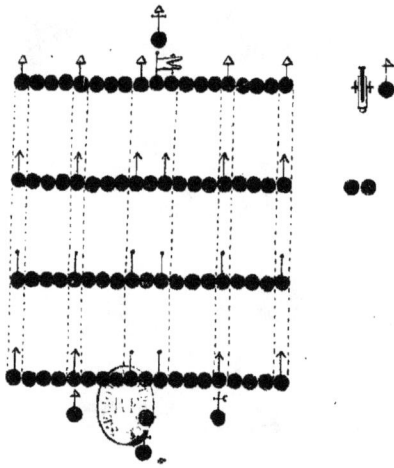

Echelle de 60 pieds.

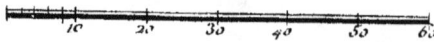

Patte del. & sc.

# CENTURIE,

## Suivant le Complet.

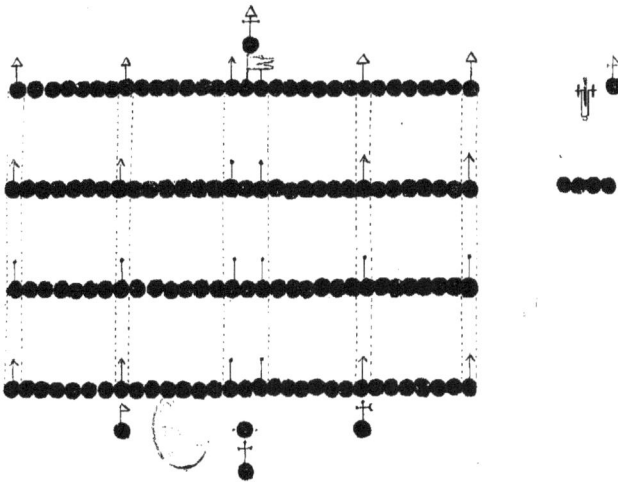

Echelle de 80 pieds.

Pl. XI.

# CENTURIE.

*Suivant le pied de Guerre.*

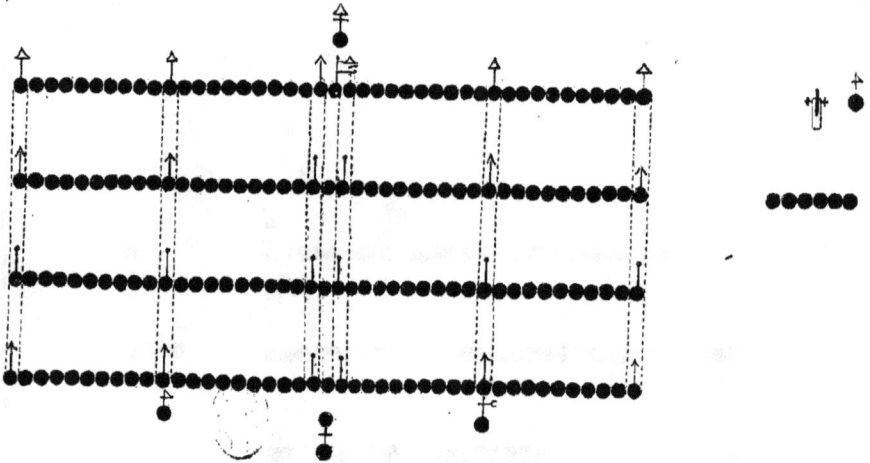

*Echelle de 80. pieds.*

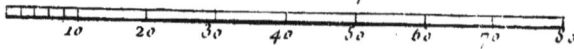

10  20  30  40  50  60  70  80

fi vous ne confervez toujours le même nombre d'officiers, fergens & caporaux ; parceque, fans cela, vos manœuvres varieront toujours.

J'en viens, après cette digreffion, à la compofition des régimens.

## ETAT D'UN RÉGIMENT.

Les régimens feront compofés de quatre
   centuries, . . . . . . . . 736
Une demie-centurie, armée à la légère, . . . . . . . . . 70
Une demie-centurie de cavalerie, . 70

### *Etat major.*

Colonel, . . . . . . . . . . 1
Lieutenant-colonel, . . . . . . 1
Major, . . . . . . . . . . 1
Tambour major, . . . . . . . 1
Chirurgien, . . . . . . . . . 1
   *Total d'un régiment,* . . . . 881

ETAT D'UNE LÉGION.

| | |
|---|---:|
| Quatre régimens, . . . . . . . | 3524 |
| Général légionaire, . . . . . | 1 |
| Major légionaire, . . . . . . | 1 |
| Quartier-maître, . . . . . . | 1 |
| Tréforier, . . . . . . . . | 1 |
| Ingénieurs, . . . . . . . . | 2 |
| Aumonier, . . . . . . . . | 1 |
| Chirurgien major, . . . . . | 1 |
| Timbalier, . . . . . . . . | 1 |
| Porte-étendard, . . . . . . | 1 |
| Vagmeftre, . . . . . . . . | 1 |
| Prévôt, . . . . . . . . . | 1 |
| Archers, . . . . . . . . | 2 |
| Exécuteur, . . . . . . . . | 1 |
| Charpentiers, . . . . . . . | 10 |
| Ouvriers de toutes efpèces, . . . | 10 |
| Valets pour dix chariots, . . . | 20 |

Deux pièces de canon de douze livres.

Deux pontons, avec leurs nacelles,
pour faire des ponts volans, &c.

| | |
|---|---:|
| *Total d'une légion*, . . . . . | 3579 |

Il faut que les centuries pefamment armées

aient chacune une arme que j'appelle *amusette*\*.
Ces amusettes font de mon invention; elles
portent au delà de quatre mille pas avec une
violence extrême. Les pièces de campagne que
les Allemands & les Suédois mènent avec les
bataillons, & qu'ils nomment pièces de campagne, portent à peine au quart. Cette arme
est fort juste; deux hommes la mènent par-tout†;
elle tire des boulets de plomb d'une demie-
livre, & porte cent coups à tirer avec elle.
Quand on passe dans des sentiers, dans des montagnes, on recule les barres, & deux soldats la
portent très-aisément. Cette arme peut servir
dans mille occasions à la guerre : voyez-en le
dessein dans les planches ci-jointes.

Le canon & les chariots doivent être attelés de bœufs : ils doivent être chargés de tous
les outils nécessaires à construire des forts, de
différens cordages, de moufles, de poulies,
de cabestans, de scies, de haches, de pelles &
de pioches, enfin de tous les ustenciles, outils
& instrumens nécessaires. Les outils doivent être
marqués du numéro de la légion, pour que, dans

\* Planches XII, XIII.
† Planche XIV.

les armées , ils ne puiffent fe confondre.

Ces corps ainfi difpofés, je voudrois qu'on
attachât un chiffre de cuivre fur l'épaule droite
des foldats, & un fur l'épaule gauche, où feroit,
fur l'un, le numéro de la légion , & fur l'autre,
celui du régiment dont il eft, afin qu'on pût aifément le diftinguer.

Je voudrois que tous les foldats fuffent marqués à la main droite des mêmes chiffres, avec
une compofition comme s'en fervent les In-
diens : ce qui ne s'efface jamais , & empêcheroit la défertion. Cela feroit aifé à introduire,
& tire à de grandes conféquences. Pour l'établir, le fouverain n'auroit qu'à affembler les co-
lonels , leur dire qu'il eft important que cela
foit pour maintenir le bon ordre, & empêcher
la défertion ; qu'ils lui feront plaifir, pour donner l'exemple, de fe faire marquer ; que cela
ne peut être qu'une marque d'honneur, par la
preuve que cela fait du corps dans lequel on
aura fervi. Aucun ne le refufera : tous les officiers imiteront leur exemple, pour complaire
à la volonté de leur fouverain , & parcequ'ils
en fentiront la conféquence. Dès-là aucun foldat
ne le refufera : on peut même leur en faire une

Pl. XII.

# AMUSETTE

*avec le dévelopement du Plan et de la Coupe de sa culasse.*

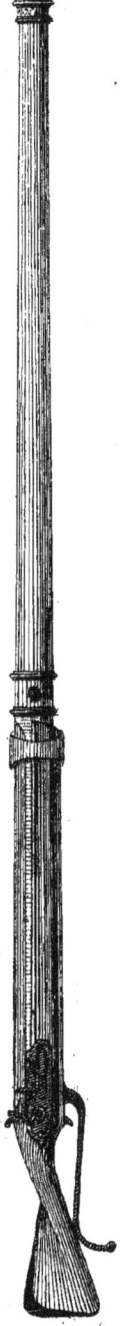

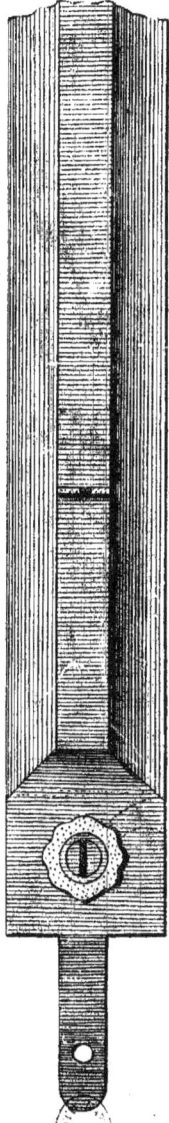

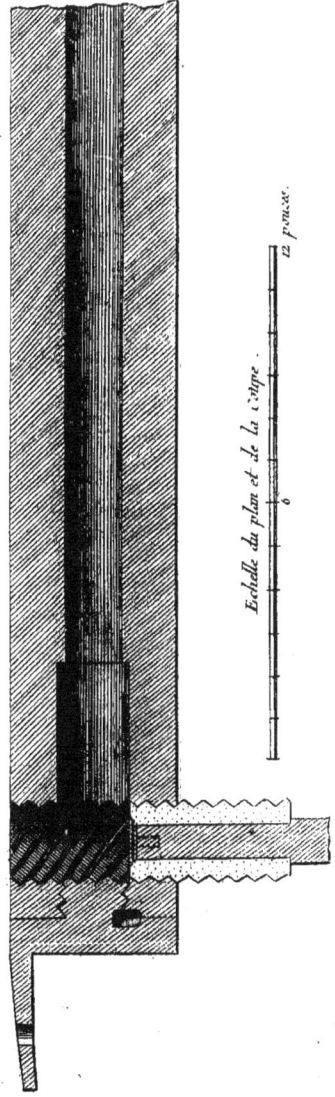

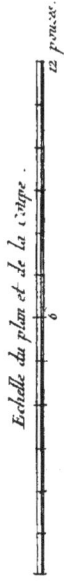

Echelle de l'amusette.

3 pieds
4
3
2
1

Echelle du plan et de la coupe.

12 pouces
6

Patte Sc.

Pl. XIII

Vûë de face de la Machine pour
transporter l'Amusette.

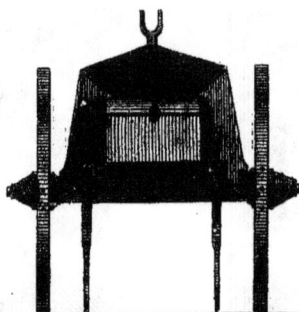

Vûë de Côté.

Echelle de.  1  2  3  4  5  6  7  8  9  10  pieds.

Patte Sc.

*Transport de l'Amusette.*

*Patte Sc.*

fête. Les Romains en ufoient ainfi, mais ils mar-
quoient avec un fer rouge.

Je voudrois que l'on tirât, pour les centuries
de la cavalerie, les cavaliers dans les régimens
dont feroit cette centurie : cela feroit au choix
du centurion de la cavalerie ; mais il prendroit
de préférence les vieux foldats. Cette cavalerie
ainfi tirée n'abandonneroit furement pas fon infanterie, & lui donneroit de la confiance dans
une affaire, lui feroit d'une merveilleufe reffource, foit dans la pourfuite, foit pour la couvrir dans la retraite : mais j'en parlerai ailleurs.

Les armés à la légère feroient tirés de même
dans les régimens ; & le centurion des armés
à la légère choifiroit tout ce qu'il y a de plus
ingambe, de plus jeune & de plus lefte. Ces
armés à la légère n'auroient pour toutes armes
qu'un fufil de chaffe très-léger, avec une baïonnette à manche. Ces fufils auroient un dez au
fond, ou fecret, pour qu'ils ne fuffent pas dans
la néceffité de bourer leur charge ; & tout leur
acoutrement feroit très-léger. Leurs officiers
feroient choifis de même, fans règle d'ancienneté, parmi les officiers. On les exerceroit fou-

vent; on les feroit fauter, courir, & fur-tout
tirer de trois cent pas au blanc. A tous ces
différens exercices, l'on mettroit des prix, pour
donner de l'émulation. Une troupe ainfi compofée, & bien en haleine, fuivra par-tout de
la cavalerie ; & je m'affure qu'on en tireroit
de grands fervices.

Je ne fuis point pour les grenadiers : c'eft
l'élite de vos troupes ; & fi la guerre eft vive,
cela les énerve de telle manière que l'on ne
fçait plus d'où prendre des fergens & des caporaux, qui font cependant l'ame de l'infanterie. Je fubftitue à ces grenadiers les vétérans,
qui doivent avoir une plus haute paye que les
fimples foldats & les armés à la légère. Pour
tout ce qui s'appelle affaire de vivacité ou de
légèreté, l'on prendroit des armés à la légère,
& l'on ne donneroit des vétérans que pour les
coups de collier férieux : & je penfe qu'il en
réfulteroit un grand bien pour le pied des troupes. On prendroit toujours un lieutenant au
choix du colonel, pour le faire capitaine des
armés à la légère; & l'on marcheroit par ancienneté aux vétérans, ce qui feroit regardé
comme le pofte d'honneur. Quelque chofe que
l'on

l'on faſſe, on ne peut, dans les régimens, ſans faire un déplaiſir extrême aux officiers, les empêcher de marcher aux grenadiers ſelon l'ancienneté; & cela vous conſomme toujours ce que vous avez de mieux. J'ai vu des ſiéges où l'on a été obligé de renouveller pluſieurs fois les compagnies de grenadiers. Cela eſt d'abord dit, on veut des grenadiers partout; & s'il y a quatre chats à feſſer, ce ſont les grenadiers que l'on demande, & la plupart du tems on les fait tuer mal-à-propos.

Je voudrois que les peſamment armés euſſent de bons fuſils * de cinq pieds de longueur avec de gros tonnerres : le calibre doit être de douze à la livre, avec un dez au fond de la culaſſe, ce qui fait que l'on n'eſt pas obligé de bourer: mais pour que l'on puiſſe les tenir, lorſqu'ils s'échauffent par la continuation du grand feu, il faut qu'ils aient un talon de bois à ſix pouces de la platine, qui ſoit du même bois que la monture. Ces fuſils tirent à plus de douze cent pas.

On ne doit pas craindre de trop charger l'infanterie par les armes, cela la rend plus ſolide : les armes des ſoldats Romains peſoient

* Planche XV.

au-delà de foixante livres; & l'on puniffoit de mort ceux qui les avoient abandonnées dans le combat : cela ôtoit à cette infanterie toute envie de fuir, & c'étoit un principe de l'art militaire chez eux. A ces fufils, je voudrois ajouter une baïonnette à manche, qui eût deux pieds & demi de long, & qui leur ferviroit d'épée, le ceinturon paffé par-deffus l'épaule, parceque cela embarraffe moins & a meilleure grace ; des boucliers ou targes de forme ovale. Ces boucliers ont une infinité d'avantages : on s'en fert pour couvrir les armes, quand elles font pofées à terre : on en fait un parapet dans un inftant, quand il faut combattre de pied ferme, en les paffant de mains en mains fur le front. Il faut que ces boucliers foient de cuir préparé dans le vinaigre : alors les deux réfiftent au coup de fufil; mais c'eft un fecret. Monfieur de Montecuculli dit qu'il en faut dans l'infanterie, & je fuis bien de fon avis.

Les baïonnettes à manche valent mieux que les autres, parcequ'elles fe fourent dans le canon, & que par-là on devient maître du feu, à quoi l'on ne fçauroit faire trop d'attention : car il ne faut pas vouloir deux chofes à la fois;

FUSIL,
avec le dévelopement de
sa Culasse.

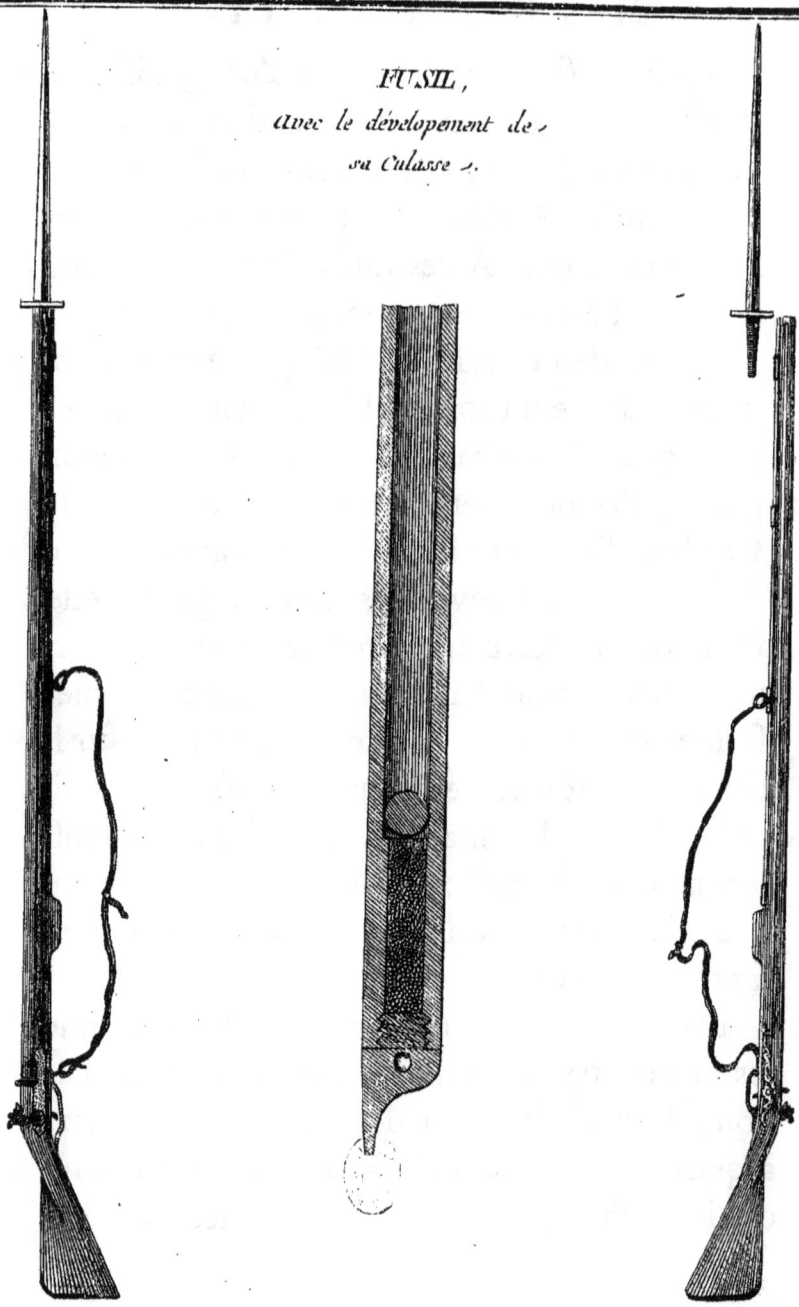

je veux dire, charger & combattre de pied ferme. Dans l'un de ces cas, il faut tirer; & dans l'autre, point du tout : & cela n'est pas si facile à empêcher. En voici un exemple.

Le roi de Suède, Charles XII, vouloit introduire dans son infanterie la méthode de charger à l'arme blanche. Il en avoit parlé plusieurs fois : & l'on sçavoit dans l'armée que c'étoit son systême. Enfin, dans une bataille contre les Moscovites, au moment que l'affaire alloit commencer, il s'en fut à son régiment d'infanterie, lui fit une belle harangue, & mit pied à terre devant les drapeaux, & mena lui-même son régiment à la charge. Lorsqu'il vint à trente pas de l'ennemi, tout son régiment tira malgré ses ordres & sa présence : d'ailleurs il fit parfaitement bien, & enfonça les Moscovites. Le roi en fut si piqué, qu'il ne fit que passer au travers des rangs, monta sur son cheval qui étoit derrière les drapeaux, & fut ailleurs sans dire un seul mot.

Mais je reviens à la formation des bataillons. Je les mets à quatre de hauteur, les deux premiers rangs avec des fusils, les deux autres avec des demi-piques ou pilons, & leurs fusils passés

en écharpe. Ces pilons font une arme qui a
treize pieds de long, fans le fer qui doit être léger & mince, à trois quarts, & doit avoir dix-
huit pouces de longueur, fur deux de largeur;
le manche doit être creux, de bois de fapin, &
enveloppé d'un parchemin avec un vernis par-
deſſus : cela eſt très-fort & très-léger, & ne fouëtte
pas commes les piques dont l'on ne fçauroit fe
paſſer dans l'infanterie. J'en ai toujours oui parler
ainſi à tous les gens habiles : & les mêmes raifons, c'eſt-à-dire, la négligence & la commodité, qui ont fait quitter les bonnes chofes dans
le métier de la guerre, ont auſſi fait abandonner celle-ci. On a trouvé qu'en Italie, dans
quelques affaires, elles n'avoient pas fervi, parceque le pays eſt fort coupé : dès-là on les a
quittées par-tout, & l'on n'a fongé qu'à augmenter la quantité des armes à feu, & à tirer.

Quoique je diſe qu'il ne faille point tirer, il
y a cependant des cas où il le faut, & il eſt bon
de le fçavoir ; comme dans des haies, dans des
pays coupés, & contre de la cavalerie : mais
cette méthode doit être fimple & naturelle.
Celle que nous avons ne vaut rien, parcequ'il
eſt impoſſible que le foldat ajuſte fon coup, s'il

Pl. XVI.

Soldats en Action. Motte Sculp.

*Patte direxit.*                             **Formation des Bataillons.**                         *Moitte Sculp.*

eſt diſtrait par l'attention qu'il eſt obligé de faire
au commandement. Comment veut-on que
tous ces ſoldats, à qui l'on commande de coucher en joue, mirent leur coup jv⌐ ʾà ce qu'on
leur diſe de faire feu? Un rien ¹ᵒs dérange; &
il ne vaut plus rien, dès qu'on  perdu l'inſtant.
Que l'on ne croie pas que cela n'y faſſe une
grande différence; elle ſera de pluſieurs toiſes,
car rien n'eſt ſi fin ni ſi aiſé à déranger que l'effet de l'arme à feu : outre cela, les ſoldats ſe
pouſſent; & ſelon notre méthode, on les fait
tenir dans une attitude gênante.

Toutes ces choſes, & bien d'autres, ôtent entièrement au feu l'effet qu'il devroit produire :
mais cette matière demande un article particulier. Je reviens à la formation de mes bataillons.

En attaquant de l'infanterie, les troiſième &
quatrième rangs baiſſeront les piques*; & par
ce moyen, ils déborderont encore de ſix à ſept
pieds le rang de devant. Je ſoutiens qu'un homme, qui eſt débordé de ces deux rangs de pointes, applique ſon coup de fuſil avec bien plus
de confiance que s'il n'avoit rien devant lui.

* Planche XVI & XVII.

Outre cela, le troifième rang peut allonger des coups, & défendre le premier rang : ce qu'il fera bien mieux, étant à couvert par les deux premiers rangs; au-lieu que, s'ils n'avoient que des fufils, ils ne feroient d'aucune utilité. Le fecond rang, qui eft armé de fufils, peut tirer & défendre l'homme qui eft devant lui dans le premier rang, fans que celui-ci foit obligé de fe baiffer; moyennant quoi on évite un grand inconvénient, qui eft de mettre un genouil en terre; mouvement dangereux, parceque ceux qui ont peur fe plaifent dans cette fituation, & qu'on ne les fait pas relever comme on veut; & fur-tout parcequ'il faut toujours arrêter pour faire ce mouvement. De la manière dont je le propofe, tous les hommes font à couvert les uns par les autres avec une confiance réciproque : le front eft hériffé de pointes qui en impofent à l'ennemi; l'afpect en eft redoutable, & donne confiance à vos foldats, parcequ'ils en fentent la force.

Je ne fuis point pour les chevaux de frife, l'on ne peut aller à l'ennemi; & cette certitude le rend audacieux : c'eft auffi le grand défaut des retranchemens. Mais venons à la manière de fe former.

La planche XVIII fera diftinguer tous les différens emplois ; & les fuivantes , la manière de
former les centuries. Quant à celle de former
les régimens , on y procédera de la forte. On
laiffera les enfeignes dans le centre des centuries, pour que chaque centurie fuive fon enfeigne ; toutes les enfeignes fe règleront fur l'é-
tendard de la légion , ce qui fait une facilité très-
grande pour fe former.

Je ne fçaurois affez m'étonner de voir comme
les hommes dérogent aux inftitutions & aux
chofes les plus néceffaires ; car les drapeaux
n'ont été inftitués qu'à cette fin, & pour le ral-
liment : je vois cependant tout le monde mettre
les drapeaux au centre d'une bataillon, comme
s'il en falloit plufieurs pour être vus. Il fe pourroit fort bien que cette méthode d'entaffer tous
les drapeaux dans le centre des bataillons fût
encore une preuve de notre ignorance : car
vraifemblablement les drapeaux étoient jadis
deftinés à conduire chacun une troupe. Ces
troupes, par les événemens de la guerre, s'é-
tant trouvées réduites à un petit nombre de foldats, l'on en a fait une feule d'un régiment,
& l'on a mis tous les drapeaux au centre de cette

troupe. Avec le tems, l'on a recompletté les
compagnies, & l'on s'eſt trouvé enfin complet;
mais l'on eſt reſté formé de la même manière
que dans le tems où l'on ne l'étoit pas , c'eſt-
à-dire, avec tous les drapeaux au centre : perſonne n'y a fait d'attention. Delà, on a adopté
cet uſage de mettre tous les drapeaux au centre,
ſans ſçavoir pourquoi. Ce pourroit bien être
auſſi cette raiſon qui a été cauſe de nos grands
& longs bataillons. Si cela étoit, meſſieurs les
ſçavans dans l'art de former des bataillons,
auroient philoſophé ſur un principe bien er-
roné, puiſqu'il doit ſa naiſſance à un abus établi ſur la plus parfaite ignorance que la ſtupi-
dité militaire ait jamais pu produire.

Comme il ſe trouve plus de cent officiers,
ſergens ou caporaux par régiment, il y aura
toujours une file compoſée d'officiers, ſergens
ou caporaux à chaque ſection , & deux files à
chaque centurie. Ces files empêcheront que le
régiment ne ſe brouille, & que ces ſections ne
ſe mêlent, ce qui n'eſt pas d'une petite conſéquence. Cette diſpoſition fait auſſi que l'on eſt
maître du ſoldat, & que l'on peut l'empêcher
de tirer, parceque les officiers & ſergens voient
quand

# MARQUES des différents Emplois,
## Relatives aux Planches.

Général Légionnaire.

Colonel.

Lieutenant Colonel.

Major.

Aide-Major.

Centurion.

Lieutenant.

Enseigne.

Sergent.

Caporal.

Feltvebl ou Sergent d'Affaires.

Fourier.

Capitaine d'Armes.

Tambour.

Soldat.

Armé à la légere.

Cavalier.

Canonier.

Amusette.

Enseigne Général.

Etendart de la Légion.

Timballes de la Légion.

quand ils portent la main au fuſil pour l'ô-
ter de l'épaule ; ce qu'ils ne peuvent pas,
quand ils ſont placés ſur le front & derrière le
bataillon , comme c'eſt l'uſage en France.
Comme je fais trois pieds de troupes différens,
ſçavoir, le pied de paix, le complet, & le grand
pied de guerre, il ne faut regarder ce qui ſuit
que ſelon le grand pied de guerre; c'eſt-à-dire,
quand les compagnies ſont à dix-ſept, & les
centuries à cent quatre-vingt-quatre hommes,
y compris la prime plane; parceque, quand elles fondroient d'un tiers & plus, cela fait toujours une troupe ou bataillon où toutes les di-
viſions ſe trouvent. Ceci ne regarde que les
centuries.

Pour les armés à la légère & la cavalerie, il ne
faut jamais mettre ces deux demi-centuries que
ſur le pied du complet; parcequ'elles ſe complet-
tent toujours dans le régiment, & ne ſçauroient
par conſéquent être au-deſſous de leur nombre : d'autant plus que je ne prétens point faire
de détachemens de ces deux ſortes de troupes,
& qu'elles marcheront toujours enſemble.

La planche XIX repréſente une centurie en
différens mouvemens.

Tome I. I

A, fait voir une centurie difposée pour charger contre de la cavalerie.

B, une centurie qui va fe former en bataillon, pour charger contre de l'infanterie.

C, une centurie qui va fe former en bataillon.

La planche XX, repréfente un régiment compofé de quatre centuries, & des armés à la légère, marqués A.

La planche XXI, régimens en différens mouvemens.

A, exprime un régiment formé pour charger contre de la cavalerie.

B, un régiment qui fe forme en bataillon, pour charger contre de l'infanterie.

C, régiment formé en bataillon avec les armés à la légère à la tête.

La planche XXII, exprime une légion en parade, compofée de quatre régimens.

La planche XXIII. Légion formée pour tirer.

La planche XXIV. Légion avec les armés à la légère fur le front, pour charger contre l'infanterie.

La planche XXV. Légion qui a recueilli fes armés à la légère, & qui veut charger en bataillon contre l'infanterie.

# CENTURIES

## *En differens mouvemens.*

### A

*Centurie pour charger contre de la Cavalerie.*

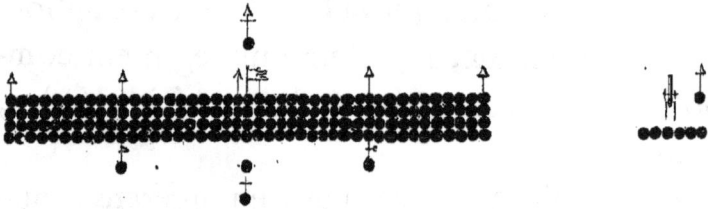

### B

*Centurie laquelle va se former en Bataillon pour*

*charger contre de l'Infanterie.*

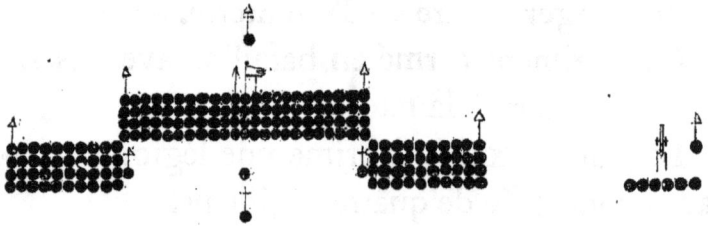

### C

*Centurie formée en Bataillon.*

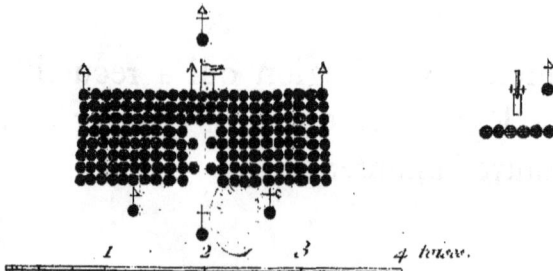

1        2        3        4 toises.

Pl. XX

# RÉGIMENT

*Composé de quatre Centuries, et des Armés à
la légere marqué* A.

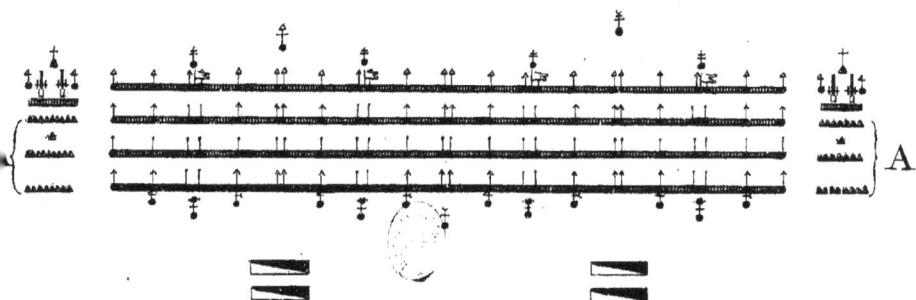

A

*Echelle de*

10     20     30     40     50     60 *toises*

Pl. XXI.

# RÉGIMENS

*En differens mouvemens.*

## A

*Régiment formé pour charger contre de la Cavalerie.*

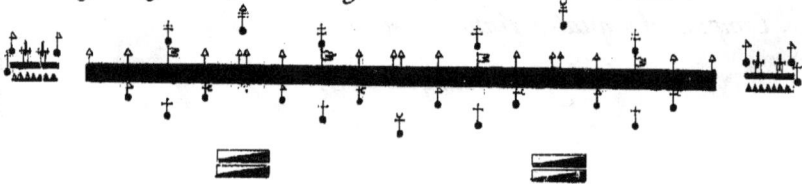

## B

*Régiment qui se forme en Bataillons, pour charger contre de l'Infanterie.*

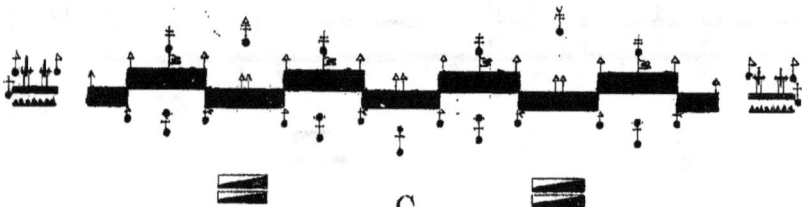

## C

*Régiment formé en Bataillons, avec les Armés à la légere à la tête.*

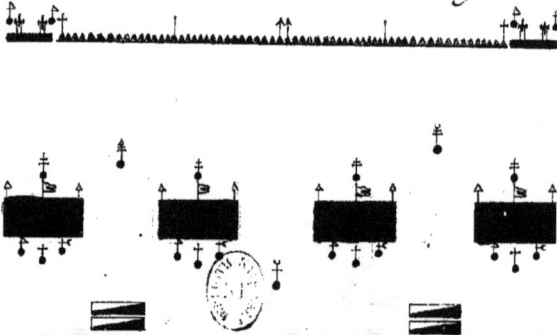

Echelle de  10  20  30  40  50  60 toises

*Patte Sc.*

## LÉGION

*avec ses Armés à la légère sur le front, pour charger contre l'Infanterie.*

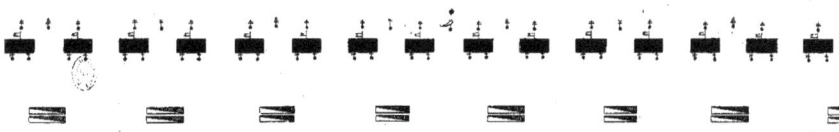

Echelle de  10  20  30  40  50  60  70  80  90  100 toises.

Pl. XXV.

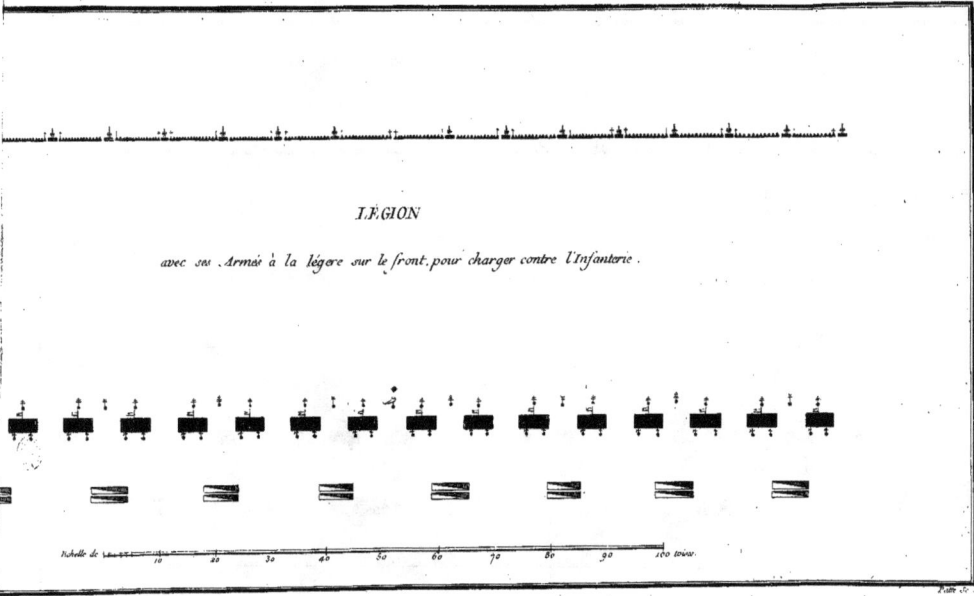

LÉGION

*avec ses Armés à la légere sur le front, pour charger contre l'Infanterie.*

Echelle de   10   20   30   40   50   60   70   80   90   100 toises.

LÉGION

*qui a recueilli ses Armés à la légere, et qui veut charger en Bataillon contre l'Infanterie.*

*Echelle de* ____ 10 ___ 20 ___ 30 ___ 40 ___ 50 ___ 70 ___ 90 *toises.*

Pl. IX.

Bataillon contre l'Infanterie.

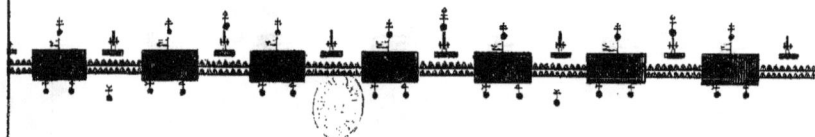

*toises.*

7⁰  9⁰

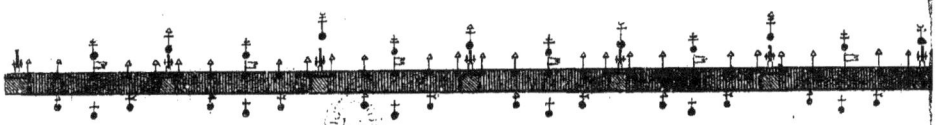

Pl. XLIII.

LÉGION *formée pour tirer*.

Echelle de 100 Toises.

15    20    30    40    50    60    70    80    90    100

# LÉGION

en Parade, Composée de quatre Régiments.

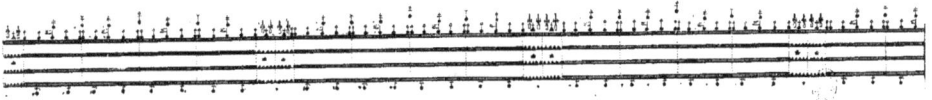

Échelle de

5  10  15  20  25  30  60  70  80 toises.

Pl. XI

*Régimenta 2.*

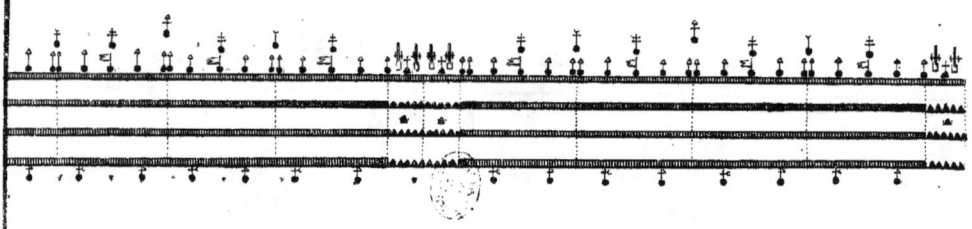

Quand il eft queftion d'attaquer de l'infanterie, les armés à la légère doivent être difperfés
fur le front, à cent, cent cinquante ou deux cent
pas, fi l'on veut, en avant. Ils doivent commencer à tirer fur l'ennemi de trois cent pas de diftance, fans ordre ni commandement, & à leur volonté. Chaque capitaine des armés à la légère
ne doit faire battre la retraite, & ne s'ébran-
lera avec fon enfeigne pour fe retirer, que lorfque l'ennemi eft à cinquante pas ; & doit revenir tout doucement fur fon régiment, en faifant
feu de tems en tems, jufqu'à ce qu'il foit arrivé fur les bataillons qui doivent être en mouvement dans ce tems-là. Selon cette difpofition,
le capitaine des armés à la légère doit avoir difpofé fes gens de manière qu'ils fe placeront par
dix dans les intervalles des bataillons. Les régimens, pendant ce tems-là, doivent avoir dou-
blé les rangs, en faifant un mouvement en
avant, & fe trouver dans ce moment dans la
pofition de la planche XXV. Il doit y avoir,
à trente pas derrière chaque régiment, deux
troupes de cavalerie de trente maîtres chacune. Voyez les planches XXII, XXIII, XXIV & XXV.

Le tout marchant en avant d'un pas léger,

comme on le fuppofe, l'ennemi doit en être
décontenancé. Que fera-t-il ? Rompra-t-il fon
bataillon pour prendre ces centuries dans les
flancs? il ne le peut, ni ne l'ofe; parce que les
intervalles ne font que de dix pas, & qu'ils font
occupés par les armés à la légère : outre cela ,
les armes de longueur fe croifent dans ces intervalles. Comment réfiftera-t-il donc à quatre
de hauteur, après avoir été harcelé par les armés à la légère, s'il rencontre des gens tout frais
qui, fur le même front, fe trouvent à huit de
profondeur, & qui viennent rapidement fur lui,
lui qui doit être embarraffé par un grand flottement, & qui a peine à fe mouvoir? Il y a apparence qu'il fera battu, & dans le moment
qu'il lâche pied, il eft perdu fans reffource;
car les armés à la légère fe mettant à fes trouffes , & les deux troupes de cavalerie baiffant
la main fur lui, en doivent faire une furieufe
deftruction. Ces foixante-dix cavaliers, & ces
foixante-dix armés à la légere doivent détruire
un bataillon en un moment, & avant qu'il ait
eu le tems de fuir cent pas. Les centuries
doivent demeurer en ordre , pour recueil-
lir leur cavalerie & leurs armés à la légère, &

être prêtés à recommencer une nouvelle charge.

Je ne puis m'empêcher de me flatter & de croire que, de toutes les dispositions, c'est la meilleure & la plus belle pour un jour de combat.

On me dira qu'on lâchera de la cavalerie sur mes armés à la légère. On ne l'oseroit ; mais tant mieux si cela arrive. Ne font-ils pas à même de se retirer? & cette cavalerie peut-elle subsister entre moi & l'ennemi? Tirera-t-il sur ces soixante-dix hommes éparpillés tout le long du front de mon régiment? ce seroit tirer sur une poignée de puces. Ah! ils feront la même chose, & auront aussi des armés à la légère. Voilà donc qui prouveroit la bonté de mon système, si cela les incommode au point qu'ils soient obligés de m'imiter.

Mais, où feront-ils retirer leurs armés à la légère ou leurs grenadiers? fera-ce sur les aîles, en faisant un mouvement tout du long de leur front, où ils n'ont point d'intervalles? Tiendront-ils ensuite contre moi à quatre de hauteur, avec leur flottement, & tous les autres inconvéniens qui en résultent, & armé comme je

fuis, foutenu de ma cavalerie? Je penfe que non.
Mais je dois, avant de finir cet article, faire
un petit calcul fur le feu de mes armés à la légère.

Suppofez qu'ils commencent à tirer de trois
cent pas de diftance, qui eft celle à laquelle ils
font exercés, & qu'ils foient à cent cinquante
de moi; ils pourront donc tirer l'efpace de tems
qu'il faut à l'ennemi pour faire ces trois cent
pas, parceque je fuppofe m'ébranler auffi-tôt
que mes armés à la légère commencent à fe retirer. Je veux fuppofer que l'ennemi ne marche
point en ligne avec d'autres bataillons, ce qui
n'eft point; & un ou deux bataillons n'iront
pas fe détacher ainfi du refte de la ligne de
leur infanterie : mais fuppofons que cela puiffe
être, il leur faudra toujours fept à huit minutes
pour faire les trois cent pas. Or un armé à la
légère peut tirer fix coups par minute. Mais
mettons qu'il n'en tire que quatre : cet armé à
la légère aura tiré cinquante coups avant que
les bataillons ennemis aient fait les trois cent
pas. Dès-là il eft clair que les bataillons ennemis auront effuyé chacun pour le moins quatre
à cinq cent coups avant qu'ils foient à même de

m'attaquer : & par qui ? par des gens qui paſſent leur vie à tirer d'une plus grande diſtance au but, qui ne ſont point ſerrés, tirent à l'aiſe, ſont adroits & ingambes, & qui ne ſont point contraints, ſoit par le commandement, ou par l'attitude gênante où on les fait tenir quand ils ſont dans les rangs, où ils ſe pouſſent, & s'empêchent de voir & d'ajuſter leur coup : Et je tiens qu'un coup tiré par ces armés à la légère en vaut bien dix tirés par d'autres. Si l'ennemi marche en ligne, il eſſuiera plus de dix mille coups de fuſils par bataillon, avant que mes bataillons les abordent.

Que l'on ne croie pas que trois cent pas ſoient une trop grande diſtance : un fuſil à ſecret porte quatre cent pas de but en blanc; & ſi vous l'élevez à vingt ou vingt-cinq degrés, il tirera au-delà de mille pas.

A cela ſe joint le feu des armes que j'ai nommées *amuſettes*. J'ai déjà dit qu'il ne falloit que deux ſoldats pour en mener une & la ſervir, à quoi je deſtine les capitaines d'armes & un ſoldat que l'on prendra de chaque centurie.

Ces amuſettes doivent ſe porter en avant avec les armés à la légère un jour de combat. Comme

elles tirent au-delà de trois mille pas, elles doivent caufer un furieux dommage à l'ennemi,
lorfqu'il fe forme, foit au fortir d'un bois, d'un
défilé ou d'un village. Quand même il n'y auroit pas de ces obftacles, il faut qu'il marche
en colonne, & qu'il fe mette enfuite en bataille, ce qui prend quelquefois plufieurs heures. Or ces amufettes peuvent tirer au delà de
deux cent coups par heure. J'en compte une par
centurie : on peut y joindre celles de la feconde
ligne; on peut les raffembler toutes fur une
hauteur : l'effet, qu'elles produifent, doit être
confidérable, parceque les capitaines d'armes
doivent être exercés à tirer avec, & cela eft infiniment plus jufte que le canon & tire plus loin.
Comme il y en a quatre par régiment, il y en
auroit feize par légion. Ces feize machines, raffemblées un jour de combat, vont faire taire
dans un moment une batterie des ennemis qui
incommoderoit la cavalerie voifine ou l'infanterie elle-même. Quand au fonds de l'infanterie,
il faut regarder les nombres pairs & la racine
quarrée comme un principe fur lequel tout doit
rouler, & dont il ne faut jamais s'écarter : c'eft
pourquoi je mets quatre centuries par régiment,
qui

qui ont chacune quatre manipules, que les Hollandois & les Allemands appellent pelotons.

A l'égard de mes piques, fi quelqu'un trouve que, dans les pays de chicane ou de montagnes, elles foient irutiles, je lui dirai qu'en ce cas-là on en eft quitte pour les pofer à terre pendant une heure ou deux : mes foldats ayant des fufils en écharpe, pourront alors s'en fervir. On me dira encore que cela eft incommode à porter; mais je ne ferai aucun cas de cette objection. Le foldat n'eft-il pas obligé de porter des bâtons de tentes? Il n'y a qu'à faire faire des tentes en la forme * deffinée dans la planche ci-jointe; auffi-bien font-ce les meilleures: les pilons ferviront de' bâtons, en y attachant un cordon dans le milieu. Qu'importe que le bout paffe la tente? cela fera un très-bel effet, & même un ornement dans un camp. Ces piques armées de leur fer ne pèfent pas quatre livres, & ne fouettent pas comme les autres, parcequ'elles font creufes en dedans : les piques ordinaires pèfent environ dix-fept livres, & font très-incommodes à manier.

Je foutiens qu'on peut tirer de grands fer-

* Planche XXVI. Voyez auffi les planches XLV & XLVI.

vices d'un tel corps, fuppofé que le général lé-
gionaire foit entendu & fçache ce qu'il doit fçavoir. Si le géneral de l'armée a befoin d'occuper un pofte, de barrer l'ennemi dans un de
fes projets, & dans cent cas différens qui fe trouvent à la guerre, il n'a qu'à ordonner à une telle
légion de marcher : comme elle a tout ce qu'il
lui faut pour fe fortifier, elle peut en douze
heures de tems fe mettre hors d'infulte ; & fi
on lui donne quatre jours, elle doit être en état
de foutenir un fiége, & d'arrêter une armée ennemie.

Le projet de fortification que l'on voit, planche III du fecond volume de cet ouvrage, en
montrera la poffibilité.

Cette difpofition de l'infanterie me paroît
d'autant plus convenable, qu'elle eft jufte dans
toutes fes parties ; & la réputation de la première, feconde, ou troifième légion fait impreffion
fur les autres, & même chez l'ennemi. Un corps
pareil fait caufe commune de fa réputation, & fera toujours ému du defir d'égaler ou de furpaffer
celle d'un autre qui aura bonne réputation. Les
actions des corps qui fe diftinguent par nombre,
s'oublient bien moins que celles des corps qui

*Plan, Elévation, et Profil*

*d'une Tente de Centurie d'Infanterie.*

*Profil*

*Elévation*

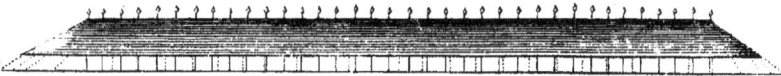

*Plan*

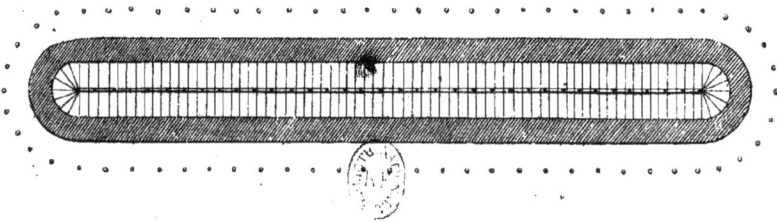

*Echelle de* |—————|   1 2 3 4 5      10      15      20   *toises*

portent le nom de leurs officiers, parceque ceux-ci changent, & que leurs actions s'oublient avec eux. Outre cela, il eft dans le cœur de l'homme de fe moins intéreffer aux chofes qui regardent fon femblable, qu'à celles qui lui font perfonnelles. La réputation d'un corps devient perfonnelle, dès que l'on fe fait un honneur d'y être. Or cet honneur eft bien plus aifé à faire naître dans un corps qui porte fon nom avec lui, que dans un qui porte celui de fon femblable, je veux dire de fon colonel, qu'en général on n'aime pas.

Bien des gens ne fçavent pas pourquoi tous les régimens qui portent les noms des provinces en France ont toujours fi bien fait; ils difent pour toute raifon, C'eft l'efprit du corps. Ce n'en eft pas une : je viens de la dire. Voilà comme les chofes qui font le plus de conféquence roulent fur un point imperceptible. D'ailleurs ces légions font une efpèce de patrie militaire, où les préjugés des différentes nations fe trouvent confondus : ce qui eft un grand point pour un monarque, pour un conquérant; car par-tout où il trouve des hommes, il trouve des foldats.

K ij

Ceux qui croient que les légions romaines étoient compofées de Romains de Rome, fe trompent fort; elles l'étoient de toutes les nations du monde : mais leur pied, leur difcipline, & leur méthode de combattre, étoient meilleures que celles de toutes les autres nations; & c'eft pourquoi ils les ont toutes vaincues; & ce n'eft que lorfque cette difcipline a dégénéré chez les Romains, qu'ils ont été vaincus à leur tour.

# CHAPITRE TROISIEME.

DE LA CAVALERIE; DE SES ARMURES ET DE SES
ARMES. DU PIED DE LA CAVALERIE. COMME
ELLE DOIT SE FORMER, COMBATTRE ET MAR-
CHER. DES MOUVEMENS. DES FOURAGES AU
VERD ET AU SEC, DES PASTURES. DES TENTES,
ET DE LA MANIÈRE DE CAMPER. DES PARTIS
OU DÉTACHEMENS.

## ARTICLE PREMIER.

### De la cavalerie en général.

Il faut que la cavalerie foit lefte; qu'elle foit
montée fur des chevaux que l'on ait rendus
propres à endurer la fatigue; qu'elle ait peu
d'équipages; & fur-tout qu'elle ne faffe pas fon
point capital d'avoir des chevaux gras. S'il fe
pouvoit qu'elle vît tous les jours l'ennemi, cela
n'en feroit que mieux; car cela la mettroit bien-

tôt en état d'entreprendre les plus grandes chofes.
Il eft certain que l'on ne connoît pas la force
de la cavalerie, ni les avantages que l'on en
peut retirer. D'où vient cela ? de l'amour que
l'on a pour les chevaux gras.

J'ai eu un régiment de cavalerie Allemande
en Pologne, avec lequel j'ai fait en dix-huit
mois plus de quinze cent lieues, foit en marches ou en courfes : & je protefte que ce régiment étoit mieux en état de fervir au bout de
ce tems-là, qu'un autre qui auroit eu des chevaux gras. Mais, pour cela, il faut les faire peu
à peu au mal, & les endurcir à la fatigue, par
des courfes & des exercices violens; ce qui les
conferve plus fains & les fait durer bien davantage : & quand ils y font faits, vous pouvez compter avoir de la cavalerie, & vous n'en
aviez point auparavant. De plus, cela rompt
& ftile vos cavaliers, leur donne un air de guerre
qui fied fi bien. Mais il faut les faire galopper,
courir à toutes jambes en efcadrons, & les mettre
peu à peu en haleine; & non pas manœuvrer
tous les trois ans une fois avec une lenteur extrême, de peur que ces pauvres bêtes ne fuent.
Je foutiens que, lorfqu'un cheval n'a pas été

tourmenté & endurci au mal, il eft fujet à beaucoup plus d'accidens, & ne fçauroit jamais être
de fervice.

La cavalerie doit être diftinguée en deux ef-
pèces, fçavoir, la cavalerie & les dragons. Je ne
fais aucun cas des autres. La cavalerie légère &
les dragons bien ftilés valent toujours mieux
que les huffards. De la première, qui eft la véritable cavalerie, il en faut peu, parcequ'elle
eft coûteufe; & il y faut faire une attention
particulière. Quarante efcadrons fuffifent dans
une armée de trente, quarante & cinquante mille
hommes. Ses mouvemens doivent être fimples
& folides; l'on ne doit jamais lui rien apprendre qui vife à la légèreté : le principal point eft
de lui apprendre à combattre enfemble, & à ne
jamais fe débander. Elle ne doit faire autre fervice dans une armée que celui des grandes gardes; jamais d'efcortes, jamais de détachemens
éloignés, ni de courfes : & l'on doit la regarder
comme la groffe artillerie qui ne marche qu'a-
vec l'armée : auffi ne doit-elle fervir que dans
les combats & dans les batailles.

Elle doit être montée fur des chevaux forts
& épais : les chevaux Allemands font les meil-

leurs; ils ne doivent jamais être au-deſſous de cinq pieds deux pouces.

﹢ Ces cavaliers doivent être armés de toutes pièces; & le premier rang doit avoir des lances à la Polonoiſe pendues par une courroie mince au pommeau de la ſelle.

Ils doivent avoir une bonne épée roide, à trois quarts, longue de quatre pieds; une carabine; point de piſtolets, parcequ'ils ne ſervent qu'à faire du poids; des étriers en chapelets; point de ſelle; un arçon avec deux battines rembourées de paille, & une peau de mouton noire par-deſſus, qui ſert de houſſe & de couverture, & qui croiſe ſur le poitrail.

﹢ Pour cette cavalerie, il faut des hommes choiſis, de cinq pieds ſix à ſept pouces, minces, élancés, & point ventrus. |

Quant aux dragons, dont il faut au moins le double, les régimens doivent être compoſés de même pour le nombre & la formation ; mais ils doivent avoir des chevaux qui ne ſoient pas au-deſſus de quatre pieds huit pouces, ni audeſſous de quatre pieds ſix.

﹢ L'exercice de ces dragons doit être rempli de célérité.

Ils

Ils doivent fçavoir celui de l'infanterie dans la perfection. Leurs armes doivent être le fufil, & l'épée. Leurs lances doivent leur fervir de piques, quand ils font pied à terre. Leurs felles & harnois doivent être comme ceux de la cavalerie. Les hommes doivent être petits, de la taille de cinq pieds à cinq pieds un pouce, pas au-deffus de deux. Ils doivent avoir une clef à l'arçon de la battine, avec un trou dans la croffe du fufil pour l'y paffer. Ils doivent fe former par efcadron à trois de hauteur, de même que la cavalerie, & doivent toujours marcher de même.

Pour mettre pied à terre, il faut qu'ils foient à rangs ouverts, qu'ils faffent tout à droite par demi-quart de rang, ainfi que la figure le marque *, ce qui forme d'un efcadron huit files. Ils fortent après avoir accouplé leurs chevaux par ces files, & fe forment où les efcadrons faifoient front; les hommes de la droite de ces files reftent à cheval, ainfi que ceux de la gauche. Voilà, à peu près, les manœuvres qu'il faut leur apprendre.

Quand le cas le requiert, le troifième rang doit

* Voyez ci-après la planche XLII.

fçavoir voltiger, efcarmoucher, & toujours fe
rallier à l'efcadron par les intervalles : mais les
deux autres doivent être inébranlables, & auffi
folides que la cavalerie. Ces deux rangs doivent avoir leurs fufils paffés en écharpe. Ce
font ces dragons qui doivent faire tout le
fervice de l'armée, couvrir les quartiers, faire
les efcortes, aller à la guerre & voir tous les
jours l'ennemi, s'il fe peut.

Voila en général ce qui concerne la cavalerie.
Il eft maintenant à propos d'entrer dans un plus
grand détail. Nous commencerons par l'arme-
ment.

Pl. XXVII.

Patte dir. Habillement du Cavalier. A. Radigues sculp.

*Armure du cavalier.*

*Pl. XXIX.*

*La même armure, vüe de l'autre côté.*

## ARTICLE DEUXIEME.

### *Des armures de la cavalerie.*

JE ne fçais pourquoi l'on a quitté les armures, car rien n'eft fi beau ni fi avantageux. On dira que c'eft l'ufage de la poudre qui les a abolies : ce n'eft point cela ; car, du tems de Henri IV, & depuis jufqu'en l'année 1667, on en a porté ; & la poudre étoit déjà en ufage longtems auparavant. Mais vous verrez que c'eft la chère commodité qui les a fait quitter.

Il eft certain qu'un efcadron tout nud, comme nous fommes, n'auroit pas beau jeu contre des gens armés de toutes pièces ; je fuppofe que le nombre foit égal. Car où prendre ces hommes pour les percer ? Il n'y a donc point d'autre reffource que de tirer. C'eft un avantage très-grand de mettre la cavalerie ennemie dans la néceffité de tirer : cette idée mérite d'être examinée.

J'ai fait faire une armure * entière de tôle mince : toute cette armure n'étoit pas chère, & ne pe-

* Planches XXVII, XXVIII, XXIX.

L ij

foit pas plus de trente à trente-cinq livres : les
bottines en étoient, & elles avoient très-bonne
grace. Je les effayai, elles étoient à l'épreuve
de l'épée. Je ne puis avancer qu'elles fuffent à
l'épreuve du coup de feu, fur-tout de celui que
l'on nomme *le coup de la baraque* ; mais je puis
affurer que tous les coups mal chargés, tous
ceux qui font éventés ou ébranlés par le mouvement du cheval ne percent point, non plus
que tous ceux qui viennent de biais.

Mais laiffons là le feu : celui de la cavalerie
n'eft pas fort redoutable ; & j'ai toujours oui
dire que tous ceux qui s'avifoient de tirer étoient
battus. Si cela eft vrai, il faut donc tâcher de
les obliger à tirer. On ne le peut plus aifément
qu'en donnant des armures légères, comme
celles que je propofe, parceque ces hommes fe
trouvant invulnérables à l'épée, il faudra que
l'ennemi prenne le parti de tirer. Qu'arrivera-
t-il, s'il tire ? Dès que la cavalerie ainfi armée
aura effuyé ce feu, elle fe jettera à corps perdu
deffus l'ennemi, parcequ'elle n'a plus rien à
craindre, & qu'elle defirera fe venger du péril
qu'elle a couru. Que feront ces hommes pour
ainfi dire tous nuds, contre d'autres qui feront

invulnérables? Car, pourvu qu'un homme fe
remue, je défie qu'on le tue. S'il y avoit feulement deux régimens comme cela dans une armée, & qu'ils euffent fecoué quelques efcadrons ennemis, la frayeur & la terreur s'y mettroient bientôt, parceque tout leur paroîtroit
cuiraffe. (

J'ai dit que cette armure faifoit un bel effet;
je dirai plus : elle eft d'une grande épargne;
l'on y gagne l'habit & les bottes; & il ne faut
qu'un petit bufle au cavalier, des culottes & un
manteau; point de chapeau. Les cafques font
un fi bel ornement, qu'il n'y en a point qui lui
foit comparable. Ce cafque, cette armure durent autant que la vie d'un homme; ainfi il ne
fautà ce cavalier qu'un manteau tous les quatre
ans, un bufle de médiocre grandeur tous les
fix ans, & des culottes : voilà tout. Cet habillement eft donc beaucoup moins coûteux,
beaucoup plus parant, & met votre cavalerie
en état de ne pas craindre celle de l'ennemi : au
contraire, elle lui fait naître le defir de la joindre au plus vîte, & de fe mêler avec elle, parcequ'elle fentira que c'eft fon avantage. C'en
feroit auffi un pour le prince qui introduiroit

cette méthode : & je ne ferois point du tout
étonné de voir à la fuite du tems dix à douze
cavaliers attaquer un efcadron entier & le défaire, parceque l'audace augmenteroit d'un côté, & la terreur auroit gagné de l'autre.

A cela, l'on me dira, Mais l'ennemi fera la
même chofe. C'eft encore une preuve que ce
que je propofe eft bon, puifque l'ennemi n'y
trouve point d'autre remède que de faire de
même. Mais ce ne fera pas la campagne d'a-
près : ils fe laifferont étriller pendant dix ans,
& peut-être pendant cent, avant que de s'en
avifer ; tant l'on revient difficilement des ufages chez toutes les nations, foit amour-propre,
foit pareffe, foit ftupidité. Les bonnes chofes
ne percent qu'après des tems infinis ; & quoique quelquefois tout le monde foit convaincu
de leur utilité, malgré tout cela, on les aban-
donne bien fouvent pour fuivre l'ufage & la
routine ; & l'on vous dit froidement, pour toute raifon, Ceci n'eft plus d'ufage.

Pour être convaincu de ce que je dis là, il
n'y a qu'à voir le nombre d'années que les Gaulois ont été battus par les Romains, fans que
jamais ils fe foient avifés de changer leur difci-

pline ni leur façon de combattre. Les Turcs font aujourd'hui dans le même cas : ce n'eft ni la valeur, ni le nombre, ni les richeffes qui leur manquent ; c'eft l'ordre, & la difcipline, & la manière de combattre.

A la bataille de Péterwaradin *, ils étoient au-delà de cent mille hommes ; nous n'étions que quarante mille, & ils furent battus. A Belgrade †, ils étoient au-delà de deux cent mille hommes ; nous n'étions pas trente mille combattans, & ils furent défaits : & ils le feront toujours, tant qu'on s'y prendra tant foit peu bien. Cela devroit bien perfuader qu'il ne faut jamais fe prévenir fur rien.

✕ On me dira encore que les bleffures des coups de feu qui perceront ces armures feront plus dangereufes. Cela eft faux ; la bale perce cette tôle ; mais elle n'emporte point la pièce, elle ne fait que la déchirer. Mais quand cela feroit,

---

* Le prince Eugène, général de l'armée Impériale, donna le 5 août 1716, dans les plaines de Péterwaradin, une bataille dans laquelle les Turcs perdirent plus de 30000 hommes, avec leur vifir. On leur prit 172 tant drapeaux qu'étendards, & 150 pièces de canon.

† Les Turcs furent battus près de Belgrade le 16 août 1717. Ils firent une perte auffi confidérable qu'à Péterwaradin : toute leur artillerie demeura aux Impériaux, qui s'emparèrent enfuite de Belgrade. Cette ville retourna aux Turcs par le traité de Paffarowits, en 1739.

que l'on mette dans une juste balance les avantages qui résultent de ces armures avec les inconvéniens, & l'on trouvera que ces premiers
sont infiniment au-deffus : car, de quelle conféquence eft-il qu'un petit nombre d'hommes
meurent de leurs bleffures, à caufe de ces armures, pourvu que l'on gagne des batailles, &
qu'on devienne infiniment fupérieur à l'ennemi? Encore cela n'eft-il pas : car, fi l'on veut
confidérer combien de cavaliers périffent par
l'épée, & combien font dangereufement bleffés
par des coups perdus & mal chargés, accidens
defquels ces armures garantiffent; je dis que, fi
l'on veut mettre toutes ces chofes en confidération, l'on trouvera que les armures, telles que
je les propofe, confervent beaucoup plus d'hommes qu'elles n'en détruifent.

C'eft la molleffe & le relâchement fur la difcipline qui les ont fait quitter : il eft ennuyeux
de porter une cuiraffe ou de traîner une pique
pendant un demi-fiècle, pour s'en fervir un feul
jour. Mais, dès qu'on fe relâche fur la difcipline,
dès que dans un état la commodité devient un
objet, l'on peut prédire, fans être infpiré, qu'il
eft proche de fa ruine.

Les

Les Romains avoient vaincu tous les peuples
par leur difcipline; à mefure qu'elle fe corrom-
pit, leurs fuccès devinrent moindres : & lorfque
l'empereur Gracien permit aux légions de quitter
leurs cafques & leurs cuiraffes, parceque les foldats fe plaignoient qu'elles étoient trop pefan-
tes, tout fut perdu : les barbares, qu'ils avoient
vaincus pendant tant de fiècles, les vainquirent
à leur tour.

## ARTICLE TROISIEME.

*Des armes de la cavalerie, & du harnachement*
*du cheval. Deſſein des carabines* *.

Ces carabines tirent infiniment plus loin que
toutes les autres, & ſe chargent aiſément, ſans
que l'on ſoit obligé de bourrer, ce qui devient
d'une difficulté extrême dans la cavalerie. La
charge ne s'ébranle ni ne s'évente jamais, & le
coup en eſt violent & net. Outre cela, comme
ſont faites nos carabines, la baguette ſe perd ;
& la monture ſe caſſe & ſe briſe, quand elle
pend à la bandoulière, qui eſt cependant la façon dont il faut toujours les faire porter à la cavalerie, ſoit pour la marche, ſoit pour le combat. Sans cela, les cavaliers ne ſont jamais prêts,
& ſerrent mal leurs rangs. De la manière dont
celles-ci ſont faites, la crotte & la boue n'y font
rien, parceque le canon pend à côté du cheval.

L'épée doit auſſi ſe porter en écharpe †, par

---

* Planche XXX.
† Planches XXXI, XXXII, XXXIII, XXXIV.

ce qu'elle incommode infiniment moins, & que cela a meilleure grace. Il doit y avoir au ceinturon une poche, comme les cavaliers de l'empereur en portent, pour qu'ils puiſſent y mettre quelque choſe, n'ayant d'ailleurs point de poches. Ces épées doivent être à trois quarts, pour les empêcher de ſabrer, ce qui ne fait jamais un grand effet. Outre cela, ſi elles ſont longues, elles n'y ſçauroient être propres ; & ſi elles ſont courtes, elles ne valent rien à cheval : elles ſont infiniment plus roides, quand elles ſont à trois quarts, & très-légères. Elles doivent avoir quatre pieds de longueur ; car il faut toujours avoir à cheval une épée longue, comme il en faut avoir une courte à pied. Je ne veux point de piſtolets, parcequ'ils ne ſervent jamais, qu'ils coûtent beaucoup, & qu'ils ſont incommodes & ne font qu'un poids inutile. Je veux un nombre de lances à la Polonoiſe, dont le premier rang doit être pourvu. Ces lances débordent le premier rang de dix pieds : & les chevaux des eſcadrons ennemis ne tiennent pas à l'effroi que leur cauſe la flamme de taffetas qui eſt au bout, quand on baiſſe ces lances : outre cela, l'on ne pare point l'effet de leurs pointes. M. de Montecuculli

dit, dans ſes mémoires, que la lance eſt la meilleure de toutes les armes dont on ſe ſert dans
la cavalerie, & que l'on ne réſiſte point à ſon
choc ; mais qu'il faut que les lanciers ſoient armés de toutes pièces.

Ces lances ont quinze pieds de longueur &
ſont creuſes. Elles pèſent environ ſix livres, &
ſervent de bâtons de tentes & de piquets pour
les chevaux, comme il ſera dit ci-après. Ainſi
on évite un grand embarras, qui ſont ces piquets & ces bâtons de tentes : ce qui fait toujours un vilain effet, embarraſſe fort, & charge beaucoup les chevaux. L'on attache au
bout inférieur de ces lances un cuir de la largeur du doigt, pour les ſupporter : il eſt attaché au pommeau de la battine, de manière que,
lorſque l'on rencontre avec la pointe un homme ou un cheval, ce cuir rompt après que la
lance a percé l'objet, & fait que le cavalier
conduit ſurement ſon coup. Et lorſqu'il la porte la pointe haute, elle ne lui pèſe point à la
main ; au contraire, il s'appuie deſſus.

Voilà ce qui eſt quant à l'habillement & à
l'armure du cavalier. L'équipage du cheval doit
être compoſé de cette manière : Je ne veux point

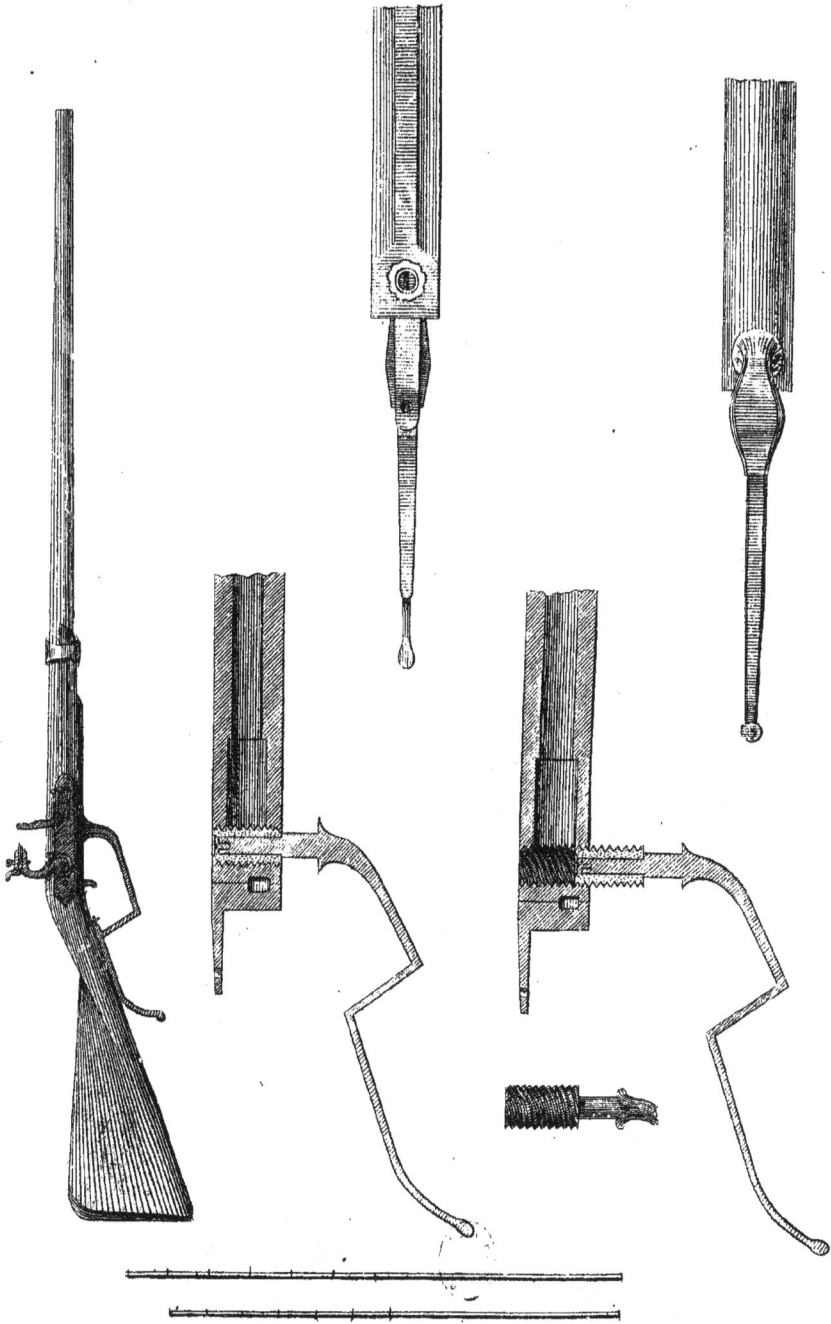

*Carabine avec les différens developemens de sa Culasse.*

Pl. XXXII.

Même Cavalier.

*Pl. XXXIII.*

*Cavalier avec sa Lance.*

*Patte direx.*

Pl. XXXIV.

*te direxit.* Lance avec une Flamme de Taffetas. *Moitte Sculp.*

de bride avec un mors. Il faut qu'il ait une têtière * avec deux branches droites, comme il y en a à nos brides, avec des boſſettes. De la place où eſt le mors ordinairement, il paſſe un cuir ſur le nez du cheval; la gourmette venant à ſerrer, lorſque l'on tire les rênes, ramène parfaitement bien le cheval, & mieux qu'aucune bride : il n'y a point de cheval que l'on n'arrête avec cela, & que l'on ne manie bien; l'on ne ſçauroit leur gâter la bouche, ni leur échauffer les barres.

Il en réſulte un autre avantage qui eſt très-grand; c'eſt que les chevaux peuvent repaître ſans que l'on ſoit obligé de débrider : dès que l'on lâche les rênes, ils peuvent ouvrir la bouche toute grande; & lorſqu'on les tient dans la main, ils ne ſçauroient l'ouvrir, tirer la langue, & s'accoutumer à quantité de mauvaiſes habitudes qu'ils prennent avec la bride. D'ailleurs cela les relève plus, & fait fort bien. Cette invention eſt de Charles XII roi de Suède.

Quant aux ſelles, je leur trouve de grands défauts. Si un cheval ſe vautre, il caſſe l'arçon, & voilà le cavalier à pied ; s'il monte deſſus,

* Planche XXXV.

il l'eſtropie; ſi le cheval maîgrit, l'arçon porte, le voilà encore eſtropié. La quantité de boucles, d'étrivières & de brinborions le bleſſe, coûte beaucoup; & tout cela fait du poids : d'ailleurs il faut toujours rembourrer ces ſelles & recourir aux ſelliers des villes, ce qui cauſe des embarras infinis.

J'ai inventé une façon de ſelle *. J'établis un arçon fort & bien conditionné ſur deux batti-nes de toile, rembourrées de paille, au bout deſ-quelles il y a une croupière. Je mets par deſſus une peau de mouton noire, qui ſert de houſſe & de couverture ; elle croiſe ſur le poitrail du cheval, & cela a fort bonne grace. Je paſſe un ſimple ſurfaix ſur les battines, ſous cette cou-verture : cela ne bleſſe jamais, & l'on eſt fort bien aſſis deſſus & fort près du cheval. J'ai des étriers en chapelets, comme au manège, que je paſſe ſur le pommeau de l'arçon, & que les cavaliers ôtent dès qu'ils ſont deſcendus. Ces battines avec les couvertures doivent toujours reſter ſur les chevaux auſſi-bien la nuit que le jour; on ne les ôte que pour panſer les che-vaux, enſuite on les remet. Ils peuvent fort

* Planche XXXV, XXXVI, XXXVII.

*Bride*
*Sans Mords.*

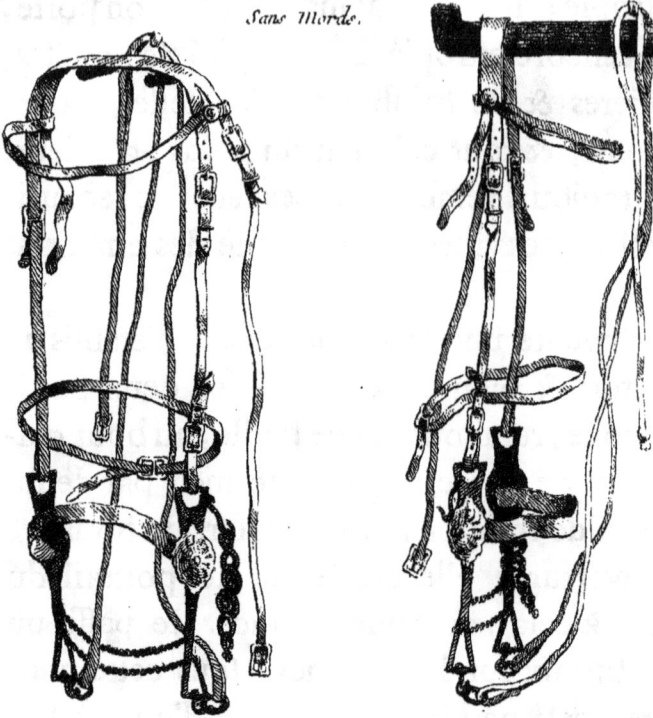

*Nouvelle selle.*

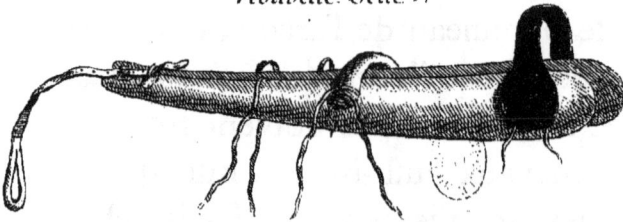

*Polle Sc.*

Pl. XXXVI.

tte diroxit.

Cheval avec sa Selle

Moitte Sculp.

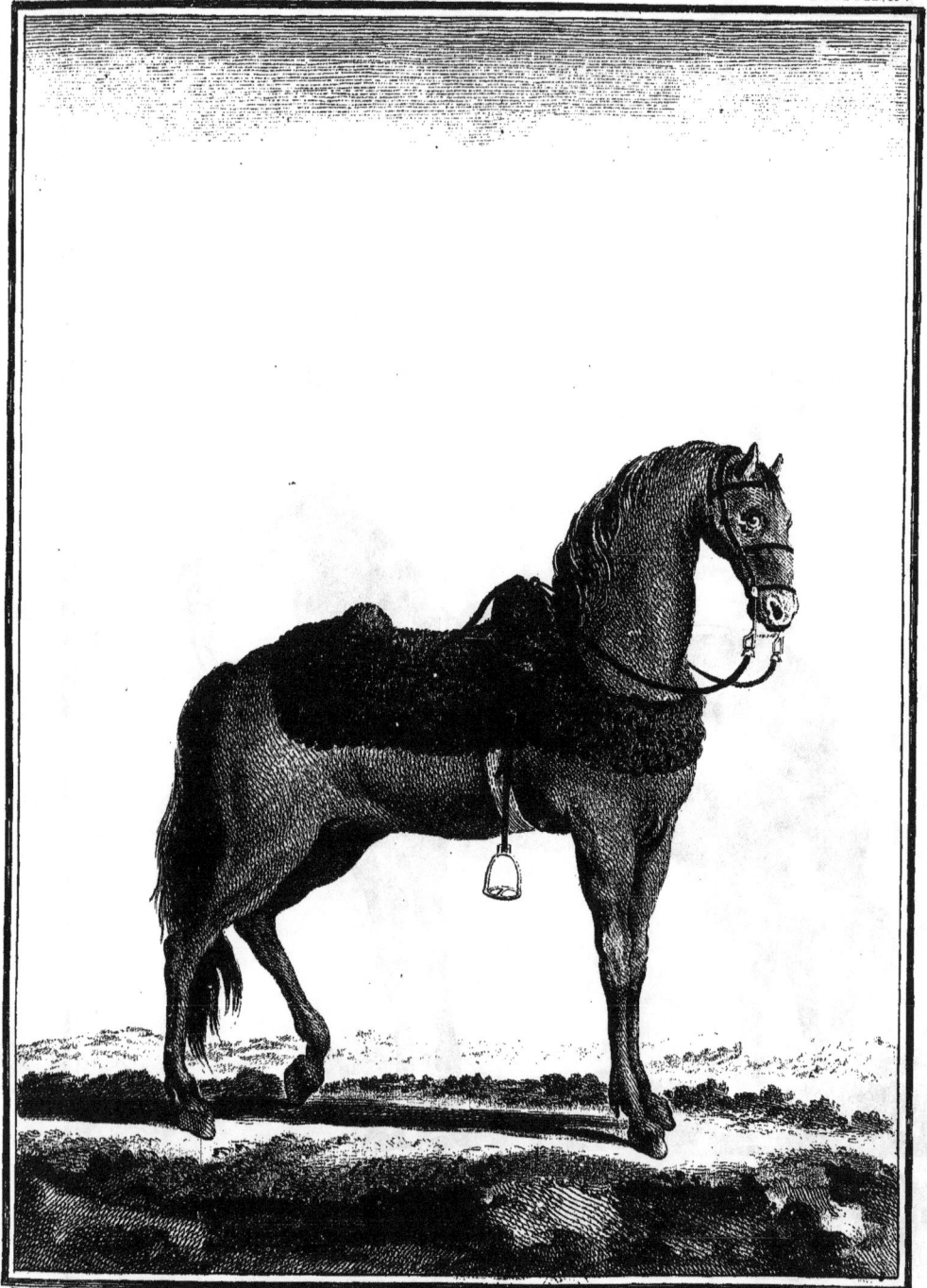

Patte direxit.

Cheval avec sa Housse.

Moitte Sculp.

Fourageur.

bien fe coucher avec : & dès qu'il y a un alerte, on n'a qu'à brider & à monter à cheval. Aux
pâtures, aux fourages, les chevaux doivent toujours les garder, cela ne les incommode point:
les cavaliers, au befoin, les font eux-mêmes.
Quand ils font de grande garde, & qu'il pleut,
ils n'ont qu'à doubler la houffe fur l'arçon, &
toute la couverture ou houffe fe conferve à
fec.

Un pareil équipage ne coûte pas le tiers de
ce que coûtent les nôtres. Il eft infiniment plus
commode, ne pèfe rien & n'éftropie pas les
chevaux. Voilà ce qui concerne l'équipage du
cheval pour la cavalerie en général, tant les
dragons que les cavaliers. Quant aux uftenciles,
chaque cavalier doit être pourvu d'un grand
fac * qui doit avoir fix pieds de tour fur fix de
hauteur. Ces facs doivent avoir deux bretelles
à deux pieds & demi du bout inférieur, pour
y paffer les bras. Les cavaliers les rempliffent
de fourage, montent à cheval, & fe font donner par leurs camarades le fac fur la croupe du
cheval ; & ils le placent fur les deux battines, le
plus près du dos qu'ils peuvent. Enfuite ils paffent

* Planche XXXVIII.

les bras dans les bretelles, & cela eſt ferme &
ſolide; ainſi il ne ſçauroit tomber. S'il y a un
alerte, ils jettent leurs ſacs, ſe forment en eſcadron : & ce ne ſont plus des fourageurs ni
des pâtureurs, mais des troupes qui combattent;
car ils doivent toujours avoir la carabine & l'é-
pée avec eux, & l'on n'attaque point cela ſans
s'engager dans un grand combat. Mais nous en
parlerons ailleurs.

Pendant que les chevaux pâturent, les cavaliers avec une faucille ramaſſent, par ci, par là,
des poignées de fourages qu'ils mettent dans le
ſac. Il faut que le pays ſoit bien ſec, s'ils ne
trouvent de quoi le remplir dans la matinée :
les chevaux ſe rempliſſent le ventre pendant ce
tems-là ; & ce qu'ils rapportent, ſans les fati-
guer ni les eſtropier, leur ſert pendant trois jours.
L'on choiſit enſuite une autre pâture; pendant ce
tems-là, la premiere repouſſe : & pour peu que
l'on en ait quatre ou cinq à l'entour du camp,
on ſubſiſte longtems, ſans ruiner la cavalerie à
la faire aller au fourage, ce qui arrive toujours.
Mais j'en parlerai ailleurs. J'en ſuis à préſent à
l'article des uſtenciles de la cavalerie, & j'y reviens. Ces ſacs ont encore une grande utilité :

c'eſt

c'eft qu'ils fervent de paillaffes aux cavaliers. Chaque cavalier doit avoir une faucille, les faulx font trop embarraffantes; il faut plus de hars & de bouts de corde pour les tenir, & cela fait un très-vilain effet.

Les cavaliers doivent avoir des outres de peau de bouc, comme il y en a dans tous les pays chauds, pour mettre leur boiffon : point de pots ni de barils. Cet outre, leurs chemifes, leurs bas, leurs bonnets, le licol, une corde, & ce qu'ils peuvent avoir de petite néceffité de cette efpèce, tout cela fe met dans le fond de ces facs; enfuite le fac fe roule, & fe met avec le manteau, derrière le cavalier, fur les deux battines, & s'attache avec deux courroies qui paffent au travers de ces battines. Cela ne bleffe jamais, & ne fait pas des paquets ni un étalage monftrueux, comme notre cavalerie en porte.

Il faut avoir attention de faire de teins en tems la revue de leurs nipes, & faire jetter les chofes fuperflues. Je l'ai fait fouvent : on ne fçauroit croire toutes les vilainies qu'ils emportent avec eux pendant des années entières; il faut que le pauvre cheval porte tout. Je ne

TOME I. N

crois pas exagérer, en difant que j'aurois rempli vingt chariots des mauvaifes drogues abfolument inutiles, que j'ai quelquefois fait
jetter à un feul régiment : cela abîme la cavalerie en partie. Voilà ce qui regarde les
hommes & les chevaux.

## ARTICLE QUATRIEME.

*Du pied de la cavalerie. De la manière de se former,*
*de combattre & de marcher.*

LES régimens de cavalerie doivent être ainsi que tous les autres régimens. Je voudrois donc que les régimens de cavalerie, comme ceux de dragons, fussent composés de quatre centuries, chacune de cent trente hommes, ce qui formeroit quatre escadrons, & l'état major, comme dans l'infanterie : cela est expliqué dans les desseins ci-joints.

Dans la planche XXXIX : A, fait voir le nombre d'officiers & de cavaliers dont chaque centurie est composée, avec leurs expressions caractéristiques.

B, représente la formation des escadrons, tant de dragons que de cavalerie : il ne faut jamais diminuer ce pied de cavalerie, ni l'augmenter, parcequ'il faut dix ans pour former un cavalier, qu'il n'y a que les vieux chevaux de bons à la guerre, & que ce doit être un corps solide.

N ij

Pour les dragons, on peut les diminuer, les démonter à la paix, comme l'on veut. Pourvu qu'ils reſtent ſur le pied de l'infanterie, ils ſeront toujours bons.

Quant à la manière de marcher, il faut toujours que ce ſoit par deux dans les pays où l'on ne ſçauroit marcher par eſcadron : mais il vaut infiniment mieux marcher par eſcadron, quand le terrein, dans toute la marche, le permet. Sans cela, il faut toujours marcher en cette manière, ( C* ), par le centre, avec l'étendard & les deux gardes étendards ; enſuite le premier rang par le centre ; le ſecond ſuit par le centre, ainſi du troiſième ; l'on ſe réforme de même : c'eſt la meilleure méthode, quand on marche en guerre.

Il faut toujours marcher par eſcadron, & ſe former au ſortir de tous les défilés : mais cela eſt fatiguant. On ne doit le faire, que lorſque l'on a quelque choſe à craindre. Je ne dis pas qu'on ne puiſſe auſſi marcher par demi eſcadron & quart d'eſcadron ; mais ce mouvement doit toujours ſe faire par le centre †. Il faut avoir une attention extrême, lorſque l'on marche par

* Planche XXXIX.
† Planches XL, XLI.

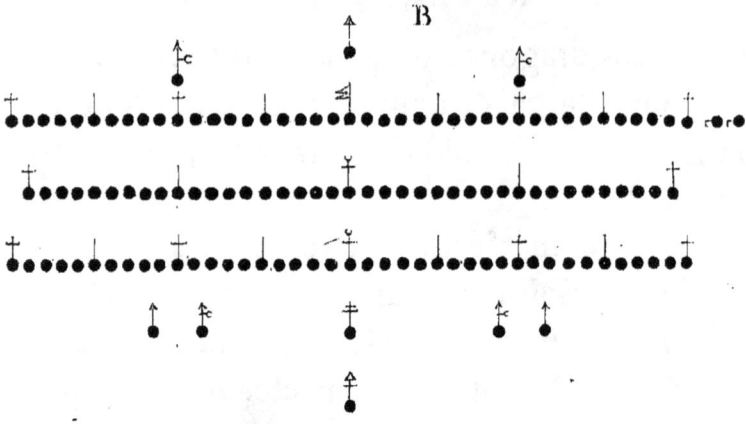

B

A

1 *Centurion*

1 *Lieutenant*

4 *Sous-Lieutenans*

1 *Cornette*

1 *Maréchal des Logis*

1 *Capitaine d'Armes*

1 *Fourier*

2 *Gardes-Etendars*

2 *Trompettes*

10 *Brigadiers*

10 *Sous-Brigadiers*

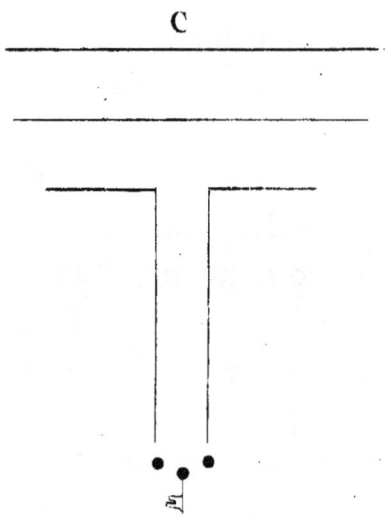

100 *Cavaliers*

C

Pl. XL

Marche

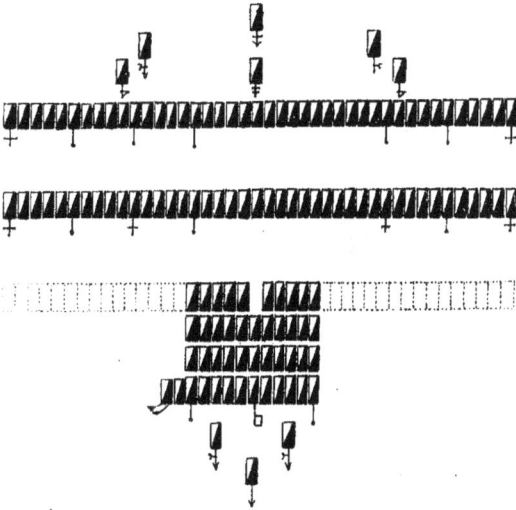

par Dix.

*Marche*

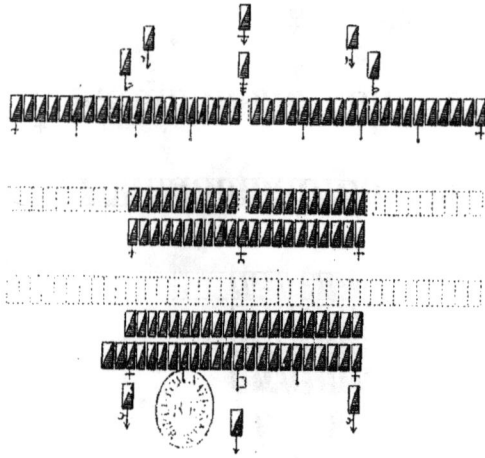

*par Vingt.*

*Patte Sc.*

deux, que les cavaliers & dragons ne doublent
pas la file pour quelque mauvais pas qu'ils trouvent en chemin : car, s'il y en a un qui le fasse, ils
le font tous ; & cela fait que votre cavalerie, au
lieu d'arriver dans six heures au camp, n'y arrive
que dans douze. Un seul mauvais pas qui se trouvera dans toute une marche vous fera ce retard,
si les officiers n'y font une attention particulière :
s'il s'en trouve plusieurs, toute votre colonne de
cavalerie se mettra en désordre ; dans des endroits
vous les trouverez arrêtés, & d'autres qui galop-
peront pour regagner ce qui est devant eux. Rien
n'abîme tant la cavalerie que ce manque d'attention : il faut y être extrêmement sévère. Il vaut
mieux, s'il se fait quelque trou dans la marche,
arrêter tout net, & le raccommoder, que de
passer outre, ou faire un chemin ailleurs. Quand
on passe dans l'eau, il faut avoir attention de ne
point laisser boire les chevaux : un homme qui
fait boire son cheval arrête toute l'armée. Dans
cette occasion, il faut que tous les officiers y con-
courent ; les réprimandes, ni les exhortations ne
font pas là de saison ; il faut que les châtimens
marchent, & dans l'instant. Rien n'est de si grande
conséquence pour la conservation de la cava-

lerie : car la complaifance que l'homme a pour
fon cheval, fait que chacun s'arrête foit peu ou
beaucoup ; & quand ils ne fe mettroient pas dans
le chemin, il faut toujours qu'ils regagnent leur
rang, & cela revient au même.

Que l'on ne croie pas que cela n'y faffe pas de
différence. Vous arriverez à nuit clofe dans un
camp où vous auriez pu arriver à midi. Si vous
n'y faites attention & que cela fe répète fouvent,
vous abîmez toute votre cavalerie dans peu de
jours.

## ARTICLE CINQUIEME.

*Des mouvemens de la cavalerie.*

Il n'y a d'autres mouvemens à apprendre à la cavalerie *, que le caracol & les à droites & à gauche, par demi-quarts de rangs, à rangs ouverts; voilà tout. De cette manière, vous marchez fur votre gauche ou fur votre droite pour gagner un terrein, lorſque vous ne le pouvez par eſcadron; & vous vous mettez de la tête à la queue, &c.

Le caracol vaut pourtant toujours mieux, parcequ'il eſt plus ſimple †. Les dragons doivent être bien rompus à cette manœuvre; je veux dire à faire à droite & à gauche, par demi-quart de rang, parcequ'elle ſert toujours quand ils mettent pied à terre. Si la troupe eſt de cinquante, on ne fait ce mouvement que par quart de rang; ſi elle eſt de cent ou cent trente, on le fait par demi-quart de rang.

Il faut ſuppoſer que les dragons ſoient arri-

* Planche XLII.
† Planche XLIII.

vés à toutes jambes à un paffage qu'ils veulent défendre : ils fe forment tout de fuite en efcadron, puis font ces mouvemens & mettent pied à terre.

Les chevaux reftent en place, ou on les fait retirer à couvert du feu, derrière quelques endroits où l'on veut fe retirer, en cas que l'on foit forcé. Les huit hommes par efcadron, qui fe trouvent à la queue des files, emmènent ces chevaux très-facilement où ils veulent ; & les huit qui font à la tête, les redreffent & les pouffent en avant. On laiffe, avec ces feize hommes par efcadron, un brigadier & un fous-brigadier ; mais tout cela veut être exercé.

Quant au caracol par efcadron, l'on doit obferver, comme un principe fondamental, de ne jamais arrêter fur le mouvement pour fe dreffer ; cela eft d'une conféquence infinie dans les affaires : c'eft-à-dire, qu'il ne faut jamais arrêter pour fe redreffer, mais fe redreffer en marchant.

Voilà tout ce qui regarde les mouvemens de cavalerie. Quant à la manière de charger, l'on ne fçauroit affez imprimer à la cavalerie de refter enfemble & de ne jamais pourfuivre à la débandade.

Pl. XLII

Par demi quart de rang à droite,

pour mettre pied à terre.

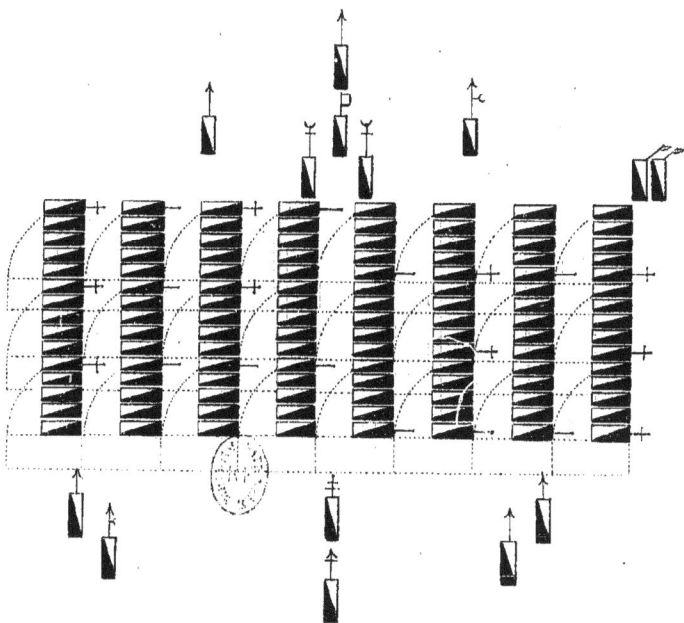

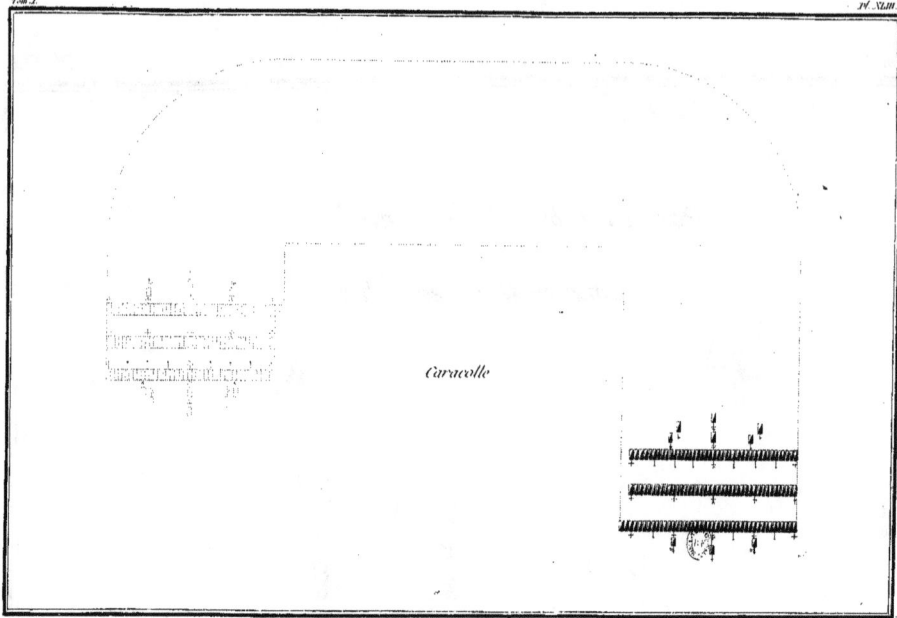

Pl. XLIII.

*Caracolle*

débandade. Leur étendard doit leur être facré : quelqu'événement que le combat produife, ils doivent toujours fe rallier à lui, & jamais ne fe mêler avec l'ennemi; & lorfque cela arrive, rejoindre cet étendard dans la mêlée; & toujours n'être occupé que de cela. Avec ces principes, fi vous pouvez parvenir à les bien perfuader, vous ferez de la cavalerie invincible.

Quant à la charge en elle-même, l'on doit obferver de partir au petit trot , de la diftance de cent pas, & d'augmenter ce mouvement à mefure que l'on approche. L'on ne doit ferrer la botte que de vingt pas; & cela doit fe faire par un cri que l'officier qui commande jette en criant *à moi*. Il faut y ftiler la cavalerie, & ce mouvement doit être comme un éclair : mais il faut bien les y exercer, pour leur rendre cette manœuvre familière. Il faut leur apprendre, pendant que l'on eft dans les quartiers d'hyver, à galoper un train bien allongé, l'efcadron tout formé, fans qu'il fe rompe. On peut dire que tout efcadron qui ne peut aller deux mille pas à toutes jambes, fans fe rompre, n'eft jamais propre à la guerre. C'eft le point fondamental : quand ils fçauront cela, ils feront bons, & le refte

leur paroîtra facile. Voilà tout ce qu'ils doivent
fçavoir faire.

Les dragons doivent fçavoir la même chofe,
& en outre efcarmoucher. Leur troifième rang
doit fortir en débandade, & rentrer & fe former avec célérité*; ils doivent être exercés à tirer de cheval; ils doivent tous avoir des fufils
à fecret, comme les armés à la légère de l'infanterie, & fçavoir tout l'exercice de l'infanterie.

Leurs chevaux doivent être tenus en haleine
dans les quartiers d'hyver, ou en tems de paix,
par des exercices violens ou des courfes; & cela
trois fois la femaine pour le moins.

La cavalerie doit auffi galoper & courir, pour
rompre les chevaux, de même que les hommes:
& ce n'eft que lorfqu'ils font en campagne qu'il
faut les ménager extrêmement pour tenir les
chevaux en chair, & les efcadrons complets &
forts. Il y a une manière d'accoutumer les chevaux de la cavalerie au feu. Dans les garnifons,
lorfque l'infanterie prend les armes pour faire
l'exercice, il faut toujours avancer deffus le feu
au pas, & traiter fort froidement les chevaux,
les accoutumer de proche en proche, & ne les

* Planche XLIV.

Pl. XLIV

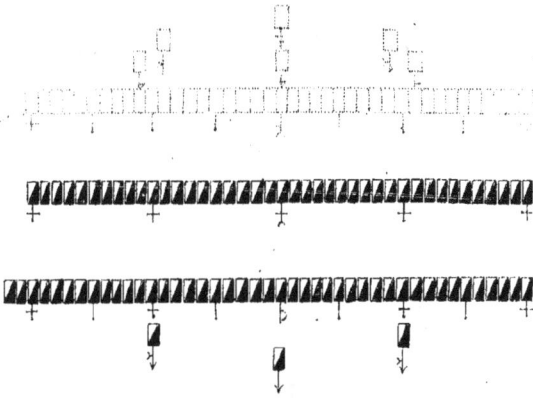

ESCARMOUCHE

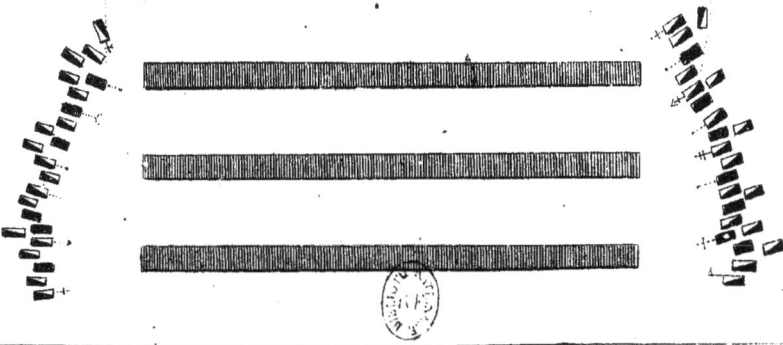

point châtier, mais les carreſſer : ils s'y accoutu-
meront ſi bien au bout d'un mois, qu'ils iroient
mettre le nez ſur le bout des fuſils, ſans s'étonner ; alors ils ſont bien. Mais il faut prendre
garde de ne pas approcher de trop près ; car ſi
une fois ils ſont brûlés, vous ne les remettrez
point ; & cette épreuve doit ſe réſerver pour un
jour de combat. Lorſque l'on fait cela, il ne faut
point faire de converſion ni de mouvement de
côté ; car, ſans cela, vos chevaux s'accoutume-
roient à ces mouvemens.

## ARTICLE SIXIEME.

*Des fourages au verd, & des pâtures.*

LES fourages font une grande partie dans l'art de la guerre. Il faut les reconnoître avant de les faire, & faire fa difpofition en faifant l'infpection des lieux. L'on prend plus ou moins de cavalerie & d'infanterie pour faire la chaîne, felon qu'il eft dangereux & que le terrein l'exige. Il faut toujours tâcher de fe couvrir au moins d'un côté, par la fituation. On ne peut donner aucune règle là-deffus.

La façon dont j'ai propofé de faire fourager la cavalerie, remédie à bien des chofes fâcheufes qui arrivent ; mais il faut toujours mener avec le régiment un étendard, deux trompettes, un officier major, & un officier par efcadron.

Les cavaliers & dragons ne doivent pas fe débander : chaque régiment prend le pofte qui lui eft affigné, & enfuite les fourageurs & les pâtureurs fe répandent à l'entour, fans courir.

Une petite efcorte de dix hommes refte auprès de l'étendard avec les deux trompettes,
s'il vient un alerte, les trompettes appellent;
& tous les cavaliers du régiment s'affem-
blent auprès de leur étendard. Les régimens
s'en retournent au camp à leur volonté, mais
après avoir raffemblé tous leurs cavaliers. La
chaîne refte jufqu'à ce qu'il plaife à celui qui
commande le fourage ou la pâture, de la re-
plier.

Il eft incroyable ce que l'on eftropie de chevaux avec les trouffes. Elles reftent fur le dos
des chevaux quelquefois huit ou dix heures, &
pèfent cinq à fix cent livres : quelquefois l'on
refte la nuit dehors, & il eft prefque impoffible
que la cavalerie ne s'abîme à faire ce métier-là.
Si vous marchez dans des chemins creux ou des
défilés, qu'une trouffe fe rompe, qu'elle tombe,
qu'un cheval s'abatte, voilà toute la cavalerie
arrêtée. Cela arrive cependant à tout moment.
Les autres chevaux, qui ne peuvent fupporter
leurs charges, s'inquiettent, ils toupillent, ils fe
heurtent : voilà tout auffi-tôt vingt trouffes à
bas. Outre cela, quand il fait mou, les chevaux
s'enfoncent, gliffent & s'abbattent; les trouffes

traînent dans la boue, le deſſus n'eſt bon qu'à
jetter, & il y a toujours un grand tiers de perte.
C'eſt une miſere ; & en vérité, il vaudroit
mieux ne rien donner aux chevaux que de le
leur faire payer ſi cher. De la manière que
je l'ai propoſé, il n'y a point de perte ni d'embarras ; l'on n'eſtropie pas les chevaux, & l'on
rapporte preſque autant au camp, & cela en
badinant : ſans parler du déſordre qui arrive
lorſqu'un fourage eſt attaqué. 1°. Toutes les
trouſſes ſont perdues ; mais le plus grand mal
arrive dans la déroute, car toujours les fourageurs s'enfuient ; & alors dieu ſçait quelle con-
fuſion il y a. S'il y a un pont, un gué, un
défilé, vous les verrez ſe précipiter par milliers
comme des bêtes effarouchées, ſans qu'ils con-
ſidèrent rien. La peur leur trouble tellement
le ſang , qu'ils ſe noient & s'écraſent les uns
les autres. Et cela fait honte à la nature humaine.

Comme je l'ai propoſé, cela ne doit pas
arriver : & certainement l'ennemi, averti de votre diſpoſition, ne vous attaquera pas, parcequ'il feroit certain de livrer un grand combat de cavalerie, où il ne trouveroit pas ſon

avantage, à moins qu'il ne vînt avec toute
fon armée : or cela fe fçait, & ne fe fait pas
comme un parti de cavalerie qui s'embufque
pour donner dans vos fourageurs.

## ARTICLE SEPTIEME.

### *Des fourages au fec.*

LES fourages au fec commencent au mois de feptembre. On les fait dans les villages. Pour les faire en fureté, il faut poufler des partis en avant, & mettre de l'infanterie dans les villages, des gardes de cavalerie au dehors; & fe tenir avec l'efcorte au centre, pour fe porter dans l'endroit attaqué. Et lorfque le fourage eft fait, l'on raffemble toutes les efcortes, & l'on fait l'arrière-garde. Si l'on a à craindre pour les flancs, l'on envoie des détachemens qui les côtoient, ou occupent les paffages, les gorges, les hauteurs d'où l'on découvre le pays, &c.

Quand au fourage en lui-même, les cavaliers en battent une partie; le refte, ils le coupent par la moitié, & mettent la fupérieure où font les épics dans le fac. Sur tout cela il n'y a point de perte, comme avec les trouffes, où le bled s'égraine pour la plus grande partie.

ARTICLE

## ARTICLE HUITIEME.

*Des tentes, & de la manière de camper de la
cavalerie.*

J'AI dit que les lances devoient servir de bâtons
de tentes & de piquets; les desseins feront voir
comme cela peut se pratiquer *. On peut voir
que toute une centurie est à couvert sous une
pareille tente, tant les hommes que les chevaux.
Il est d'une conséquence infinie pour la cavalerie, que les chevaux soient à couvert & chau-
dement à l'automne, lorsque les nuits deviennent fraîches: ce qui est encore une des grandes
raisons pourquoi la cavalerie se fond à vue d'œil
& devient à rien dans ce tems-là.

Les chevaux sont sèchement sous ces tentes, &
très-chaudement, si les cavaliers y mettent quelques branchages à l'entour, & y balayent le fumier, ce qui formera une espèce de mur sous
l'extrémité de la tente : ils s'entretiendront avec
la moitié de la nourriture, quand ils seront chau-
dement & sèchement; & par conséquent ne se-

* Planches XLV, XLVI.

TOME I.                                              P

ront pas fi fatigués à l'aller chercher. Par la même raifon, vous fubfifterez plus longtems dans
un pays, & vous tiendrez la campagne bien plus
que l'ennemi, qui n'aura pas ces moyens, ne
pourra faire : ce qui me paroît d'une affez grande
conféquence pour que l'on y faffe une férieufe
attention.

D'ailleurs la plus grande partie de votre fourage fe perd en fumier; parceque, lorfqu'il pleut,
le cheval en trépignant fait de la boue très-pro-
fonde fous lui; le cavalier, pour le foulager,
lui fait une litière; dans un moment, cette litière
eft réduite en boue : le cheval ne peut pas fe
coucher dans l'eau, il refte donc les quatre pieds
& la tête enfemble; il fe morfond, la colique le
prend, & le voilà bientôt malade & mort.

Sous ces tentes, on ne leur fait point de litière,
parce qu'il y fait fec : par conféquent l'on épargne au moins la moitié du fourage. Or fi l'on
épargne la moitié du fourage, il ne faut plus en
apporter que la moitié. Vous ménagez donc votre cavalerie, vous fubfiftez plus longtems dans
un pays; vous ne faites plus tant de chemin pour
l'aller chercher. Si l'on combine & fi l'on pèfe
toutes ces chofes, l'on concevra aifément que

Plans d'une Tente pour un Escadron de Cavalerie.

Plan en vûe d'oiseau.

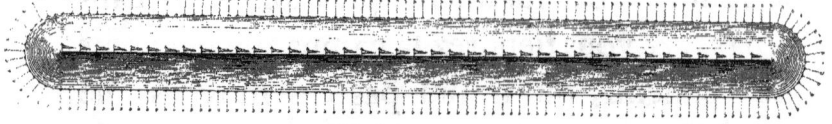

Plan au rez de chaussée.

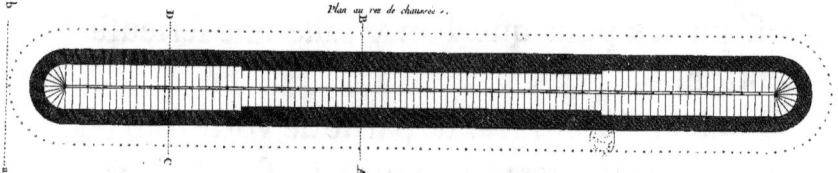

Echelle de

Elévation, Profil et Coupes de la dite Tente.

Coupe sur CD.          Profil sur a b          Coupe sur A.B.

Elévation.

toùt ce que je propofe eft bon, & doit vous donner la fupériorité en cavalerie : pour cela, il n'y
a qu'à comparer ma façon de fourager avec celle
que nous avons, les accidens qui arrivent, la
perte que l'on fait fur le fourage en lui-même,
la fatigue, les diftances, le tems que je fubfifte,
& comme je me conferve ; & je crois que l'on
fera bien convaincu que ma méthode eft bonne.

A cela on me dira, Mais, comment porter
ävec foi ces grandes tentes ? Avec deux chevaux
de bât par efcadrons. Elles contiennent près de
cinquante aulnes moins de toile qu'il n'en faut
pour les tentes d'un efcadron de cent trente hommes. Cela va paroître bien extraordinaire ; mais
ceux qui en feront curieux n'ont qu'à calculer.

## ARTICLE NEUVIEME.

*Des partis, ou détachemens de cavalerie.*

LE pays où l'on fait la guerre doit décider de l'utilité & du fuccès de ces partis. Rarement les grands partis de cavalerie aboutiffent à quelque chofe de bon, à moins que ce ne foit pour faire quelqu'expédition prompte & vigoureufe, pour enlever un convoi, furprendre un pofte, foutenir des partis que vous avez pouffés en avant pour couvrir votre marche: alors ils font d'une grande utilité. Car, fuppofé que l'ennemi ait deffein avec quelques détachemens confidérables, d'attaquer votre arrière-garde ou vos équipages, lorfque vous voulez marcher par votre droite ou par votre gauche, il ne l'ofera, fi vous avez pouffé un gros parti la veille de votre marche du côté oppofé; & cela parcequ'il craindra de fe mettre entre ce qu'il veut attaquer & ce détachement qu'il fçaura bien furement être forti, fans fçavoir pofitivement quelle route il tient, ni dans quel lieu il fe trouve.

Les troupes de ces détachemens doivent toujours être de cinquante, & le détachement toujours fort. Il faut un homme habile & nourri dans la guerre pour le conduire; & c'est une des commissions des plus difficiles à exécuter, à moins que vous n'ayez un objet fixe, je veux dire à aller occuper ou surprendre un poste; ou un convoi à enlever; car alors vous n'avez qu'à y marcher tout droit, & attaquer.

Si vous êtes bien servi en espions, vous pouvez aussi vous embusquer en rase campagne: l'on trouve quelquefois des fonds où l'on peut se loger sans être vu, & tomber sur le corps à l'improviste à des troupes qui passent devant vous; mais cela arrive rarement. En tout, le métier de la cavalerie est un métier fin, où la connoissance du pays est absolument nécessaire, & où le coup d'œil & l'audace dans l'esprit fait tout.

Quant aux petits partis qui sont les plus nécessaires, il en faut avoir tous les jours dehors; ils ne doivent pas être au-dessus de cinquante; ils doivent toujours fuir: ils ne doivent servir que pour avoir des nouvelles, & pour faire quelques prisonniers.

Lorsque l'ennemi devient audacieux, & qu'il

fe met à faire de gros partis pour réprimer les vôtres, il faut l'obferver plufieurs fois, voir fa conduite ; & puis un beau jour lui dreffer des embufcades & lui tomber fur le corps, toujours le double de ce qu'il eft. Alors vous gagnez la fupériorité en campagne, & il n'ofe plus rien dire à vos petits partis ; vous les avez toujours fur lui, & il ne peut faire un pas que vous n'en foyez informé : cela vous met en fureté, cela le gêne & le fatigue extrêmement. Vos fourages & vos pâtures fe font avec plus de tranquillité, & il eft toujours obligé de faire les fiens avec de grandes précautions, parcequ'il n'eft pas maître de la campagne ; ce qui le fatigue extrêmement.

Voilà à quoi je veux que les dragons * fervent : &, lorfqu'ils y feront ftilés, ils vaudront infiniment mieux que les huffards, parcequ'avec la même légèreté, ils ont plus de folidité ; mais pour cela, il faut qu'ils foient fouvent dehors, & qu'ils aient fouvent affaire à l'ennemi. De gros corps de cavalerie ne les joindront pas, & les huffards ne leur feront rien : car une troupe de cinquante dragons n'a rien à craindre d'une multitude de

* Voyez l'habillement des dragons, planches XLVII, XLVIII, XLIX.

Pl. XLVII.

Patte direxit.

Habillement du Dragon

Même Dragon.

Patte diravit.

huffards; elle fait toujours chemin au trot; & le moindre défilé qu'elle trouve, les huffards n'oferoient plus les fuivre.

Quand ces dragons, ainfi montés & ainfi exercés, connoîtront leurs forces, ils deviendront fi audacieux qu'on les verra toujours auprès des grandes gardes de l'ennemi : les officiers fe feront à cette guerre, & l'ennemi ne fçauroit y oppofer que de la patience.

# CHAPITRE QUATRIEME.

## ARTICLE PREMIER.

*Sur la grande manœuvre.*

JE suis perfuadé que toute troupe qui n'eft point foutenue, eft une troupe battue; & que les principes que nous a donnés monfieur de Montécuculli, dans fes mémoires, font certains. Il dit qu'il faut toujours foutenir l'infanterie avec de la cavalerie, & la cavalerie avec de l'infanterie : nous n'en faifons cependant rien; nous mettons fur les aîles toute la cavalerie, qui n'eft foutenue que par de l'infanterie. Eh! comment foutenue? de quatre ou cinq cent pas. Cette pofition feule intimide vos troupes, fans en fçavoir la raifon : car tout homme, qui ne voit rien derrière lui pour fe retirer ou pour le fecourir, eft à demi battü, & c'eft ce qui fait que fouvent la feconde ligne lâche le pied pendant que la première combat:

j'ai vu

j'ai vu cela plus d'une fois, &, je penſe, bien
d'autres que moi; mais perſonne n'en a peut-être
cherché la raiſon, & c'eſt encore le cœur hu‑
main. Il faut que je rapporte ici, pour autori‑
ſer mon opinion, ce que dit l'illuſtre Monté‑
cuculli à ce ſujet dans ſes mémoires.

Dans les armées anciennes, chaque régiment «
d'infanterie contenoit une certaine quantité de «
cavalerie & d'artillerie; de ces cavaliers, les «
uns avoient des cuiraſſes entières; les autres, des «
demi-cuiraſſes; & quelques-uns étoient plus lé- «
gèrement armés : pourquoi mêler enſemble plu- «
ſieurs ſortes d'armes dans un même corps, ſinon «
pour faire voir l'extrême beſoin qu'elles ont l'u- «
ne de l'autre, & le ſecours qu'elles peuvent s'en- «
tredonner ? Dans les ordonnances modernes, où «
toute l'infanterie ſe met ordinairement au mi- «
lieu de la bataille, & la cavalerie ſur les aîles «
qui s'étendent à pluſieurs milliers de pas; en «
bonne foi, quels ſecours ces deux corps peu- «
vent-ils recevoir l'un de l'autre ? Il eſt clair que «
les aîles étant battues, l'infanterie, qui demeure «
abandonnée & découverte par les flancs, ne «
peut manquer d'être défaite, ſi ce n'eſt autre- «
ment, au moins à coups de canon, comme il «

» arriva aux bataillons Suédois, à Nordlinghen, en
» 1634. Les Suédois s'apperçurent de la faute,
» quand leur cavalerie eût été chaffée du champ
» de bataille : & pour y remédier, ils mirent des
» pelotons de moufquetaires & quelques petites
» pièces d'artillerie entre les efcadrons ; mais le
» remède n'étoit pas fuffifant, parceque les efca-
» drons étant rompus, il falloit que les pelotons
» fuffent paffés au fil de l'épée : ce qu'ils éprou-
» vèrent encore à la bataille de. . . . l'an . . . .
» parcequ'ils n'avoient point auprès d'eux de corps
» où fe retirer, ni de piques qui les foutinffent. Eh !
» comment auroient-ils pu recourir à leur infan-
» terie fi éloignée d'eux ? « Ainfi parle monfieur de
Montécuculli *.

C'eft pourquoi je mets de petites troupes de
cavalerie à vingt-cinq ou trente pas derrière mon
infanterie, & des bataillons quarrés entre mes
deux aîles de cavalerie, derrière lefquels ma
cavalerie puiffe fe rallier, & qui puiffe arrêter
celle de l'ennemi.

Il eft certain que la cavalerie de la feconde
ligne ne s'enfuira pas , tant qu'elle verra ces
bataillons quarrés devant elle ; & fa contenance

* Mémoires de Montécuculli , liv. I, chap. VI, art. 11.

raffurera celle de la première ligne. Mes bataillons quarrés fe défendront bien, parcequ'ils ne
peuvent faire autrement, & parcequ'ils efpèrent
un prompt fecours de cette cavalerie, qui, à la
faveur de leur feu, reparoîtra dans l'inftant, &
voudra réparer en quelque façon la honte de
fa défaite : outre cela, ces bataillons couvrent les
flancs de toute votre infanterie ; ce qui n'eft pas
une petite affaire.

Il y en a qui veulent mettre de petites troupes d'infanterie dans les intervalles de la cavalerie ; cela ne vaut rien. La foibleffe dont eft cet
ordre, intimide vos troupes d'infanterie, parceque ces pauvres miférables fentent qu'ils font
perdus fi la cavalerie eft battue : & la cavalerie
qui s'eft flattée de leur fecours, dès qu'elle fait
un mouvement un peu brufque ( ce qui eft de
fon effence ), ne les voyant plus, eft toute déccon-
certée ; outre cela, fi votre aîle de cavalerie eft
battue, l'ennemi vous prend tout à l'aife en
flanc, & cela dans le moment : ce qui ne vous
arrive pas, quand vous avez, entre votre première & feconde ligne de cavalerie, de bons
bataillons quarrés, qui arrêtent, & fe font porter refpect par la cavalerie ennemie. Cela fait

une force, & non pas de petites troupes d'infanterie.

D'autres lardent l'infanterie avec des escadrons de cavalerie. Cela ne vaut rien du tout, parceque lorsque l'infanterie ennemie vient vous attaquer, elle tire également sur ces escadrons comme sur l'infanterie; il y a des chevaux de tués, la confusion s'y met, & bientôt ces troupes de cavalerie lâchent le pied; il n'en faut pas davantage pour faire tourner la tête à l'infanterie, & la faire fuir aussi.

Que feront ces escadrons ainsi placés ? * S'abandonneront-ils sur l'infanterie ennemie ? ou resteront-ils comme des termes, combattant de pied ferme l'épée à la main contre des gens qui viennent les attaquer avec la baïonnette & à grands coups de fusils dans le nez? Veut-on qu'ils s'abandonnent sur cette infanterie ? S'ils sont repoussés, comme il y a grande apparence, ils se renverseront sur votre infanterie & la mettront en désordre. Car, de croire qu'ils retrouveront juste leurs intervalles, cela n'est pas vraisemblable.

Je ne puis finir cet article sans faire remar-

* Planche L.

ORDRE DE BATAI

de neuf Legions et de huit Reg

Echelle de 300 Toises.

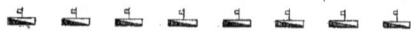

ORE DE BATAILLE

*as et de huit Régimens de Cavalerie.*

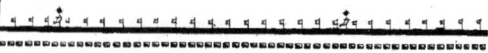

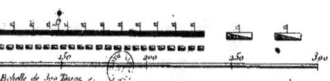

150   200   250   300

*Echelle de 300 Toises s.*

quer un inconvénient confidérable dans lequel
on tombe avec les bataillons formés felon l'u-
fage reçu. Lorfque les files d'un bataillon ainfi
difpofé fe brouillent, foit par le mouvement,
par le canon, ou par le doublement des rangs,
il fe met tout de fuite en confufion; perfonne
n'eft plus à fon pofte; les divifions, leur ordre &
leur nombre ne fe trouvent plus; & il n'y a perfonne qui puiffe démêler cette fufée. Il n'en eft
pas de même avec mes centuries : elles fuivent
chacune leur enfeigne, & reftent en troupe; on
les remet facilement en ordre ; &, quand elles
n'y feroient pas, le mal ne feroit pas grand :
pendant que l'enfeigne les guide & qu'elles s'al-
lignent fur l'étendard de la légion, les officiers &
fergens rajuftent les rangs, ce qui ne fe fait pas de
même dans un bataillon : & c'eft un des grands
défauts de la colonne de M. le chevalier Follard.
Ceci me donne occafion d'en parler.

## ARTICLE DEUXIEME.

### *De la colonne.*

BIEN que j'eſtime infiniment M. le chevalier
Follard, & que je faſſe grand cas de ſes ouvrages, je ne puis toutefois me ranger à ſon avis
ſur les colonnes : cette idée m'avoit d'a-
bord ſéduit, elle eſt belle, & paroît dange-
reuſe pour l'ennemi; mais l'exécution m'en a
fait revenir. Il faut que j'en faſſe l'analyſe, pour
en faire voir les défauts; c'eſt une affaire de calcul bien aiſé.

Il faut un pied & demi ou dix-huit pouces
de diſtance à un homme, quand il eſt en bataille; les flancs de la colonne deviennent front
dès qu'elle a percé. Or, de quelque façon qu'on
veuille la faire, cette colonne, ſes flancs ſeront
toujours compoſés pour le moins de quarante
files de profondeur ſur vingt-quatre d'épaiſſeur.
Il faut pour ſa longueur ſoixante pieds, lorſqu'elle fait face des deux côtés; dès qu'elle marche en colonne, il lui en faut cent vingt, ce qui
eſt le double de la diſtance qu'elle vient d'occu-

per, parcequ'un homme ne fçauroit marcher fur dix-huit pouces de diftance, & qu'il lui faut trois pieds devant lui, qui eft le double : de forte que, lorfque la tête de cette colonne marchera, la queue demeurera ; & quand la tête fera arrê-tée, la queue marchera encore l'efpace de foi-xante pieds : ce qui fait dans les flancs de votre colonne des vuides très-dangereux, & pires que le flottement.

Si on la fait plus longue, le défaut augmente toujours à proportion de fa longueur ; ainfi une colonne de deux cent quarante files auroit pour fa pofition naturelle trois cent foixante pieds de longueur ; & pour pouvoir marcher, il lui en faudroit fept cent vingt. Que vous arrive-t-il, quand vous avez percé ? vous faites à gauche & à droite avec vos deux flancs qui deviennent faces, pour prendre l'ennemi que vous avez per-cé en flanc : mais vous vous trouvez à files ou-vertes, parceque vous occupez juftement une fois plus de terrain que vous ne devez en occu-per pour marcher à l'ennemi. Ainfi il fe fait des trouées confidérables, furtout fi vous avez fait ce mouvement brufquement, qui doit être le propre de la colonne.

Le chevalier fe trompe fort de croire que cette colonne foit aifée à remuer ; c'eft le corps le plus lourd que je connoiffe, furtout quand il eft à vingt-quatre d'épaiffeur. S'il arrive que, par la marche, le terrein, ou le canon, les files fe brouillent une fois, il n'y a tête d'homme qui puiffe la mettre en ordre. Cette colonne devient alors une maffe de foldats qui n'ont plus ni rangs ni ordre, & où tout eft confondu.

Je crois fon poids de peu de conféquence : quoi qu'en dife M. le chevalier, les hommes ne fe pouffent pas ainfi les uns les autres de l'é-paule, à caufe des trois pieds de diftance qu'il leur faut pour marcher. Dans la retraite, je la trouve infiniment au-deffus des bataillons quar-rés, non qu'elle marche plus vîte, mais parce-qu'elle coule partout fans s'arrêter ; ni ravin, ni village, ni haies, rien ne l'arrête : & s'il ar-rivoit qu'on la perçât avec de la cavalerie, l'on n'en feroit pas plus avancé de l'autre cô-té, parceque l'on recevroit des coups de fu-fils par derrière, & que la troupe feroit bien-tôt rejointe & refermée. Mais pour cela les deux bataillons dos à dos fuffifent, je veux dire, qui marchent en contre-marche, faifant

front

front, quand il le faut, à droite & à gauche.

Mais cette retraite ne peut fe faire que très-lentement, parcequ'il faut fauver la queue, qui, fans cela, feroit bientôt féparée du refte, à caufe des trois pieds qu'il faut au foldat pour marcher d'un pas médiocre ; au lieu qu'en trépignant, on peut conferver les dix-huit pouces qu'il faut à chaque foldat, lorfqu'il fait face à l'ennemi.

Voilà ce qui me paroît poffible & utile dans la colonne. Mais de croire que ce corps foit léger, & qu'il fe remue aifément, c'eft de quoi je fuis bien revenu. Je le crois même dangereux à vingt-quatre & à feize d'épaiffeur, à caufe du défordre qui s'y met, quand on a à le former. Il ne faut jamais le faire que de deux bataillons d'épaiffeur, à quatre de hauteur chacun, ce qui ne dérange pas l'ordre naturel des bataillons.

Ce que je viens de dire au fujet des trois pieds de diftance, qu'il faut à un homme devant lui pour marcher, détermine la raifon du danger qu'il y a à faire des mouvemens en contre-marche ; c'eft-à-dire, de changer fon front en flanc : mouvement dont l'ennemi profite toujours, parcequ'il lui crève les yeux. Peut-être que perfonne n'en a encore

cherché les raifons. Si vous le faites à portée de
lui pour regagner un intervalle, vous êtes perdu ; car votre bataillon occupera juftement le
double du terrein qu'il occupoit; & il lui faudra le double du tems pour fe remettre comme
il doit être, parceque, fuppofé que votre bataillon contienne fix cent hommes, il occupera un
terrein de deux cent vingt-cinq pieds , fi l'on fait
un mouvement à droite, votre foldat de la droite
aura fait deux-cent vingt-cinq pieds, avant que
celui de la gauche ait pu bouger ; & quand
celui de la droite fera arrêté, votre foldat de la
gauche aura encore deux cent vingt-cinq pieds
de diftance à faire, avant que le bataillon puiffe
être en ordre & faire face : ce qui compofe enfemble le tems qu'il faut pour faire quatre cent
cinquante pieds, ou cent quatrevingt pas : fi
donc l'ennemi fe trouve à cent pas de vous, &
qu'il vous prenne au pied levé, il s'en faudra le
tems néceffaire pour faire quatre-vingt pas que
vous ne foyez en ordre.

Plus vous avez de troupes qui ont ce mouvement à faire, & plus il eft dangereux ; car fi
vous avez feulement quatre bataillons, vous
êtes dans le même danger, l'ennemi fût-il à

huit cent pas de vous : cela eſt géométrique, ı ınſi que bien d'autres choſes à la guerre.

Le taĉt ou la cadence ſeule peut remédier à ces défauts, qui décident de tout dans les combats ; & je me ſuis exprès étendu ſur cette matière, pour faire voir l'ignorance de nos militaires & la conſéquence du taĉt : car ils conviendront tous de ces défauts, ſans ſçavoir d'autre remède que de marcher lentement.

On ne ſçauroit faire charger un bataillon à quatre de hauteur ſeulement, que l'on ne tombe dans le même cas, à moins que l'on ne marche comme des fourmis ; car, ſans cela, l'on arrivera toujours à rangs ouverts ſur l'ennemi. Quel défaut énorme ! Et c'eſt la ſource de la tirerie, parceque, pour charger autrement, il faut marcher vîte & enſemble ; & qu'on ne le peut, parceque les hommes ne ſçauroient marcher ſur dix-huit pouces de diſtance ſans le taĉt. Il eſt impoſſible auſſi que les Romains aient pu combattre, ni les Macédoniens, ſans le taĉt ou la cadence, parcequ'ils étoient ſur un ordre ſerré & profond. Tout le monde en a parlé ; mais perſonne n'en a pénétré, ce me ſemble, le ſecret.

R ij

J'ai souvent été surpris que l'on ne s'appliquât pas à attaquer l'ennemi dans les marches : car il est constant qu'une grande armée occupe toujours trois ou quatre fois plus de terrein dans la marche, qu'il ne lui en faut pour se ranger, quoique l'on fasse marcher sur plusieurs colonnes. Si donc vous pouvez être averti de quel côté l'ennemi marche , que vous sçachiez l'heure de son départ, & que vous l'attaquiez dans sa marche ; quand il seroit à six lieues de vous, vous arriverez toujours à tems ; car sa tête sera arrivée au camp qu'il veut occuper, avant que son arrière-garde soit sortie de celui qu'il quitte. Il est impossible de rallier des troupes sur une pareille distance, & qu'il ne se fasse pas de grands vuides & une confusion horrible. J'ai cependant souvent vu faire ce mouvement , sans que l'ennemi ait songé à profiter de l'avantage que lui fournissoit l'occasion ; & j'ai cru qu'on les avoit enchantés.

Il y auroit un beau chapitre à faire sur ce que je viens de dire : car combien de diverses situations ne produit pas une telle marche? en combien d'endroits ne peut-on pas l'atta-

quer, fans rien rifquer ? combien de fois une
armée qui marche n'eft-elle pas féparée par
des ravins, des ruiffeaux, & d'autres chofes?
combien de ces fituations ne vous mettent-
elles pas à couvert d'une partie de cette armée qui marche? combien de fois n'êtes-vous
pas en état, quoiqu'inférieur, d'en féparer une
partie à votre choix, & de tenir le refte en
banne avec un petit nombre de troupes? Mais
tous ces chofes font auffi diverfes que les fituations qui les produifent : il ne s'agit que
d'avoir de l'entendement, connoître le terrein,
& ofer; car vous ne rifquez rien, ces affaires-
là n'étant jamais décifives pour vous ; mais elles peuvent l'être pour l'ennemi, parceque ce
font les têtes de vos colonnes qui attaquent à
mefure qu'elles arrivent, & qu'elles font foutenues par d'autres troupes qui les fuivent : cela
fait difpofition de foi-même; & vous donnez
fur des corps qui ne font point difpofés pour
fe foutenir.

Mais je m'apperçois que je m'écarte des premiers principes de l'art, & qu'il n'eft pas encore
tems de paffer à des parties fi élevées.

# CHAPITRE CINQUIEME.

## DES ARMES A FEU , ET DE LA MÉTHODE DE TIRER.

J'AI déjà dit que la manière de faire tirer par commandement, gênoit le foldat, & ôtoit au feu tout fon effet, je veux dire la juftefle ; & qu'il eft dangereux de tirer, quand l'on a affaire à de l'infanterie, dans des lieux où l'on peut s'aborder, parce qu'il faut arrêter pour tirer ; & qu'infailliblement vous vous faites battre, fi l'ennemi ne fuit pas ; ce qui ne doit pas arriver, parcequ'il s'attend à vous voir tirer : mais votre troupe, qui s'eft flattée que ce feu alloit exterminer l'ennemi, fi elle ne le voit pas fuir, certainement elle s'en ira. Ainfi il ne faut point tirer contre de l'infanterie, en lieu où elle peut vous aborder, & où vous pouvez l'aborder ; mais derrière des haies , lorfqu'un foffé, une rivière, un ravin, & des chofes pareilles vous féparent de l'ennemi : alors il faut fçavoir tirer, & faire un feu fi terrible que rien ne puiffe y réfifter. Je m'y prends ainfi.

1°. Je veux que tous mes foldats aient des fufils avec un dez à fecret ; ils tirent plus loin, fe chargent plus vîte, le coup en eft plus net & violent. Dans l'émotion que caufe le combat, les foldats ne font pas fujets à y mettre la cartouche fans l'ouvrir, ce qui rend beaucoup d'armes inutiles. Ils ne fçauroient charger deux coups l'un fur l'autre, parceque la feconde balle n'y refteroit pas. Ainfi les fufils ne fçauroient crèver, comme ils font fouvent. Je veux donc que les fufils de mes foldats aient un gros calibre avec un dez au fond ; que les cartouches des foldats foient de carton, plus grandes que les calibres, pour qu'ils ne puiffent pas, par diftraction, les y faire entrer ; qu'elles foient fermées avec un parchemin collé deffus, afin que le foldat puiffe aifément les décoëffer avec les dents : elles doivent contenir autant de poudre qu'il en faut pour le baffinet & pour la charge. Les balles dont le foldat eft muni doivent être dans la giberne : & lorfqu'il eft queftion de tirer, il en prendra une poignée qu'il mettra dans la bouche, pour en laisser couler une dans le canon, dès qu'il aura jetté la cartouche.

Les choses ainsi disposées, si j'ai à tirer d'un bord à l'autre d'une rivière, pour déloger l'ennemi de quelques endroits, pour le chasser d'une haie, ou pour d'autres cas qui se trouvent à la guerre où il faut combattre de pied ferme, je mets de deux en deux files un officier ou un sergent : après quoi les officiers & sergens font avancer un pas de leur file, montrent au chef de file où il doit tirer, & le laissent tirer à sa volonté, c'est-à-dire, lorsqu'il trouve l'objet au bout de son fusil : ensuite le soldat, qui est derrière, lui donne le sien ; & les autres de la même file font la même chose, en passant les fusils de main en main. Ce soldat ou ce chef de file tire donc quatre coups de suite : il y auroit bien du malheur, s'il n'atteignoit pas dans l'endroit au second ou troisième coup : car l'officier est auprès de lui, voit ce qu'il fait, lui indique l'endroit où il doit tirer, & l'exhorte à ne se point presser. Cet homme n'est point gêné, ni serré, ni pressé par le commandement; personne ne le pousse ; il peut tirer tout à l'aise, & viser tant qu'il lui plaît; & il tire quatre coups de suite.

Cette

Cette file ayant tiré, l'officier la fait reculer, & fait avancer la seconde à laquelle il fait faire la même chose : puis il retourne à la première qui a eu plus de tems qu'il ne lui en falloit pour charger. Cela peut se répéter ainsi plusieurs heures de suite.

Ce feu est le plus meurtrier de tous, & je ne pense pas qu'aucun autre puisse lui résister. Je ferai bientôt taire celui des pelotons & des rangs; & fussent-ils tous des Césars, je les défie d'y tenir un quart-d'heure seulement : car, avec ces fusils à secret, l'on tire aisément six coups par minute. Mettons que l'on n'en tire que quatre, à cause du changement d'armes, un fusil aura tiré dans un quart d'heure soixante coups; & par conséquent les chefs de files d'un régiment de cinq cent soldats auront tiré trente mille coups, sans les armés à la légère, & dans une heure cent vingt mille coups : ce qui ira, avec les armés à la légère, aux environs de cent quarante mille coups de fusil, qui sont bien différemment ajustés que ceux du feu ordinaire.

Si l'on met deux régimens ainsi disposés sur une courtine, quand l'ennemi est monté à l'assaut sur l'ouvrage qui est vis-à-vis, qu'il se passe une heure avant que le logement foit fait & que les couvreurs fe foient retirés, ils auront effuyé dans cet ouvrage deux cent quatre-vingt mille coups de fufil.

De la manière dont l'on a tiré jufqu'à préfent, le foldat, après avoir chargé fes armes, court fur la banquette, tire par-deffus le parapet. Où tire-t-il? par-deffus l'ouvrage, ou dans le foffé, parcequ'il fe preffe, & qu'il n'a pas eu le tems de diftinguer les objets. Outre cela, de cette manière, les bataillons fe mettent tous en confufion; & je fuis perfuadé que, de vingt coups, il n'y en a pas feulement deux qui donnent dans l'ouvrage où l'ennemi fe loge : au lieu que, de la manière dont je le propofe, tous les coups porteront dans l'endroit où l'ennemi fe loge; & cela produiroit des effets bien différens, furtout fi on l'obligeoit à fe montrer en nombre fur l'ouvrage où il veut fe loger.

De tous les feux, c'eft le plus vif & le plus égal, & je ne connois que celui-là de bon : auffi n'en enfeignerai-je point d'autre. S'il faut tirer contre de la cavalerie, il n'y a qu'à faire commencer le feu un peu de loin, pour qu'ils ne le donnent pas tout d'un coup. Comme ils

chargent vîte, ils auront chargé les uns un peu
plutôt, les autres plus tard; & cela fera encore
un feu continuel, pas fi vif que celui par files,
mais fuffifant pour réfifter à de la cavalerie, &
qui eft foutenu par de bonnes armes de longueur, dans lefquelles on n'entre pas comme
dans les bataillons, où il n'y a que des fufils avec
des baïonnettes, & où il n'y a aufli que les deux
premiers rangs qui puiffent être de quelqu'utilité : encore n'y entre-t-on pas. Et je penfe que
le feu de mes deux rangs, foutenu de ces armes
de longueur, eft plus que fuffifant : du moins, je
me perfuade qu'il vaut mieux que celui des quatre rangs qui tirent en fe baiffant, fe relevant, &
par commandement, & qui n'eft point foutenu
par des armes de longueur; où les deux feconds
rangs ne peuvent être abfolument d'aucune utilité, & ne fçauroient pouffer que de l'épaule.

## CHAPITRE SIXIEME.

### DES DRAPEAUX, OU ENSEIGNES.

LE général de l'armée doit avoir une enseigne que l'on doit toujours porter devant lui comme une marque de sa dignité; d'ailleurs cela a son utilité. Ceux qui le cherchent sçavent d'abord le trouver, surtout dans les batailles; & les troupes qui le voient sçavent qu'elles sont vues de leur général. Monsieur de Montécuculli a eu la même idée : le grand général de Pologne a le *pounchouc* *, qui est une enseigne †
avec une aigrette, que l'on porte devant lui à l'armée, lorsque le roi n'y est pas; & , quand le roi y est, c'est devant sa majesté qu'on le porte.

* C'est ainsi que ce mot est écrit dans le manuscrit de M. le maréchal, parcequ'apparemment on le prononce de la sorte. Les Polonois écrivent *Bunczuk* : le porte-enseigne s'appelle *Bunczuzni.*
† Planche LI.

Pl. LI.

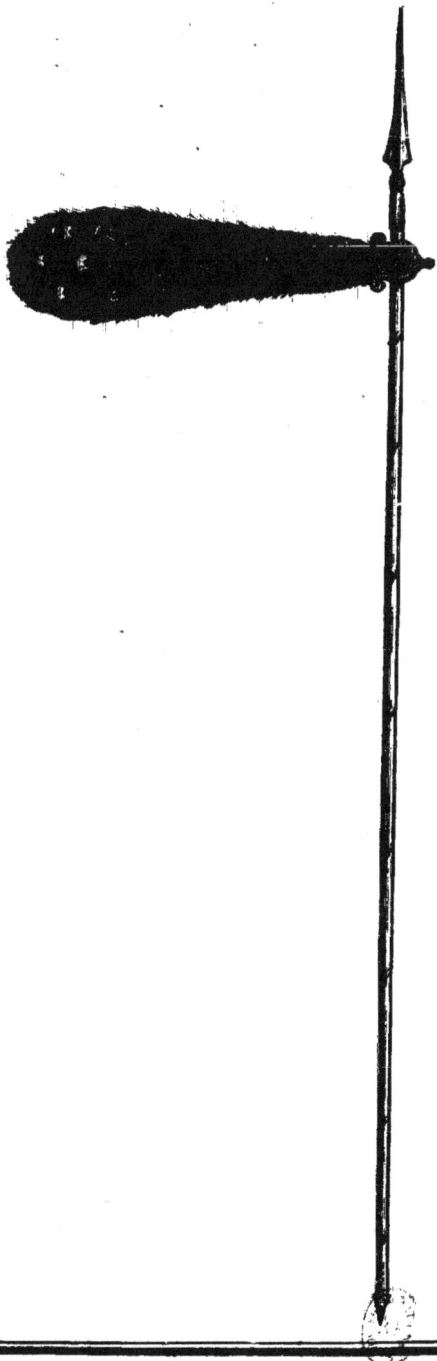

Enseigne du Général.

Comme il n'y a rien de si utile que les drapeaux ou enseignes dans les combats, l'on y doit faire une attention particulière. Ils doivent, premièrement, tous être de couleurs différentes, pour que l'on puisse reconnoître, dans les combats, les corps, les régimens, & les centuries mêmes qui se distinguent. Les soldats de chaque centurie doivent se faire une religion de ne jamais abandonner leur enseigne; il doit leur être sacré; on doit le respecter; & l'on ne sçauroit y attacher assez de cérémonies, pour le rendre respectable & précieux. C'est un point essentiel, parceque, si vous pouvez parvenir une fois à rendre cet objet de conséquence aux troupes, vous pouvez aussi compter sur toutes sortes de bons succès; leur fermeté, leur valeur en seront les suites : & si, dans les affaires périlleuses, un homme déterminé le prend, il rendra toute la troupe aussi valeureuse que lui, parcequ'elle le suivra.

Si vous distinguez par les couleurs ces enseignes, les actions de chaque troupe se remarqueront; ce qui fera une émulation merveilleuse, parceque les officiers & soldats sçauront qu'on les voit; & que leur contenance, leur maintien

& leurs actions, ne ſçauroient être ignorés du reſte de l'armée. Par exemple : le premier enſei- gne d'un corps qui fuira, ſera vu, diſtingué & reconnu des généraux & de toutes les troupes. De même : la première centurie qui auroit forcé un paſſage, franchi un retranchement, ou fondu avec plus d'impétuoſité ſur l'ennemi, ſera recon- noiſſable, digne de louange, & louée de toute l'armée. Les ſoldats ſe communiquent & ſe par- lent, ainſi que les officiers ; l'on s'entretient, dans l'armée & dans les garniſons, des événemens de la campagne ; l'on deſire d'imiter les belles actions, parcequ'on les loue : & ces bagatelles répandent un eſprit d'émulation dans les troupes, qui gagne l'officier & le ſoldat, & rend avec le tems les troupes invincibles.

Je voudrois donc que les couleurs ſignifiaſſent des nombres*. Le blanc ſignifieroit la couleur I ; le noir, II ; le jaune, III ; le verd, IV ; le rouge, V ; le bleu, VI ; le caffé, VII ; le cramoiſi, VIII ; le verd céladon, IX ; le bleu céleſte, X ; le noir & blanc en lozange, XI ; verd & jaune en deux bandes, XII ; jaune & bleu par le coin, XIII ; le fond jaune avec la croix verte, XIV ; le fond blanc

---

* Planches LII, LIII, LIV, LV, LVI.

Pl. LII.

# ETENDARDS

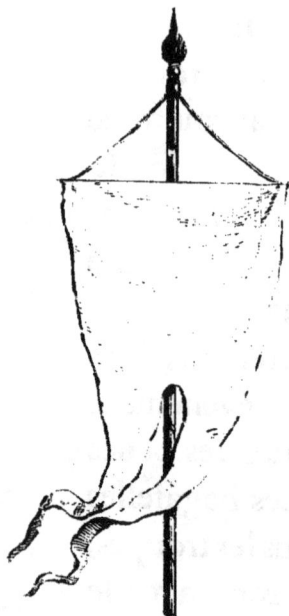

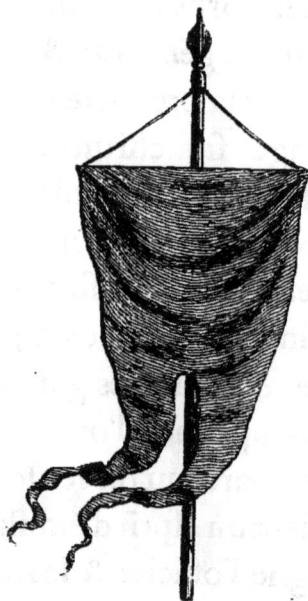

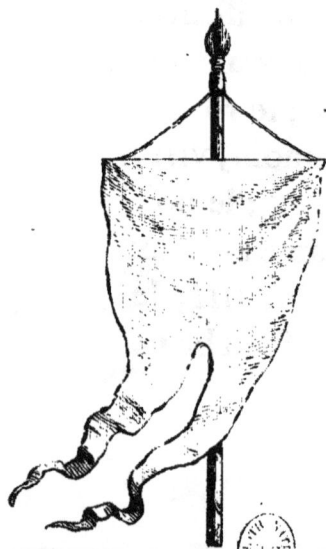

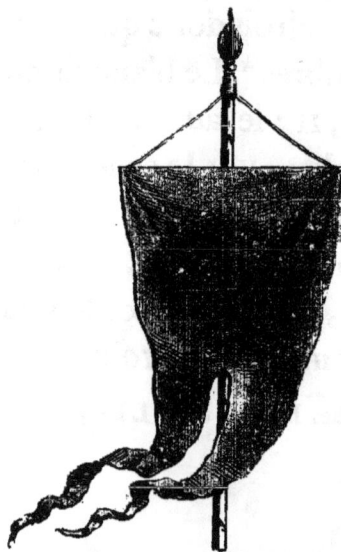

Palte direxit.

# DRAPEAUX

## de la premiere Légion.

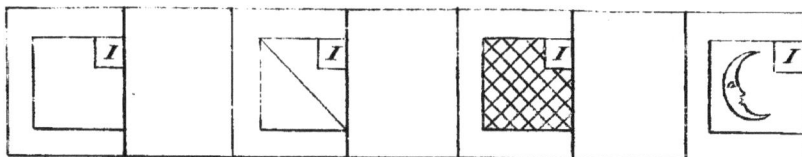

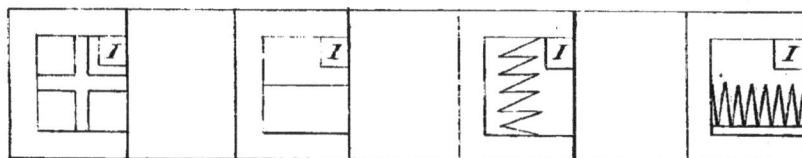

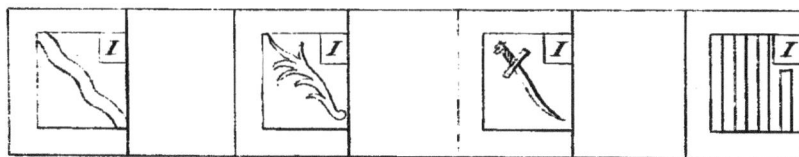

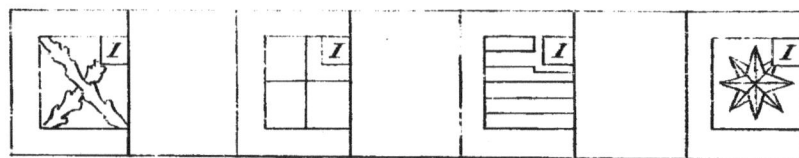

## Enseignes des armés à la légere.

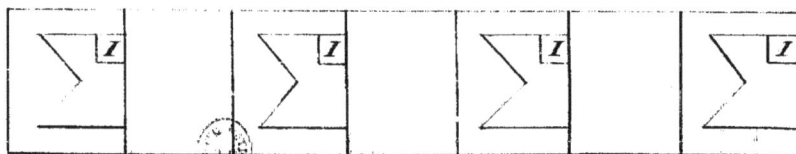

Pl. LI

# DRAPEAUX
### de la deuxieme Légion.

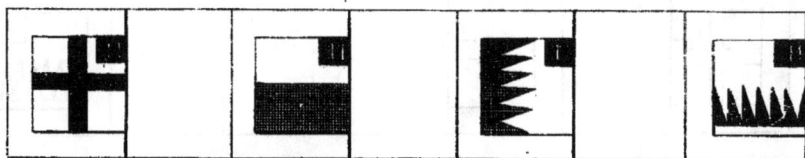

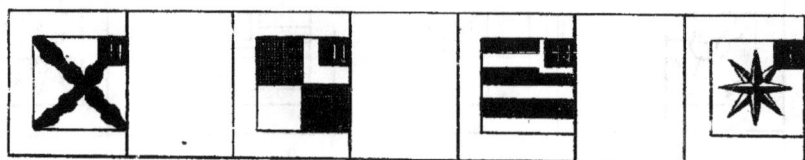

Enseignes des Armés à la légere.

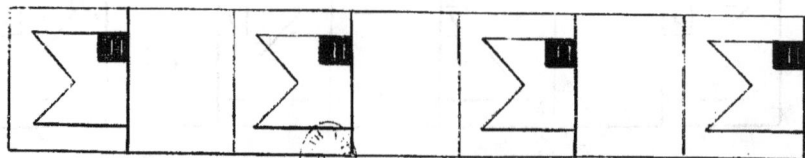

# DRAPEAUX

## de la troisieme Légion.

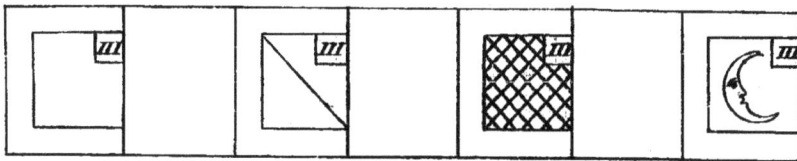

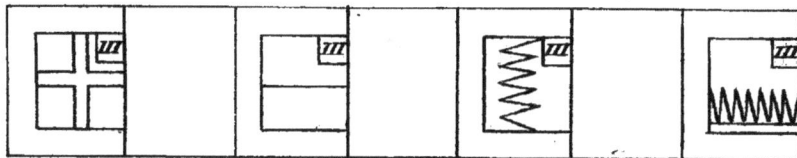

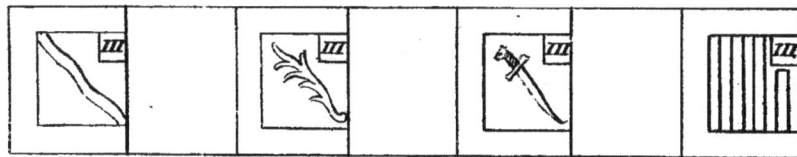

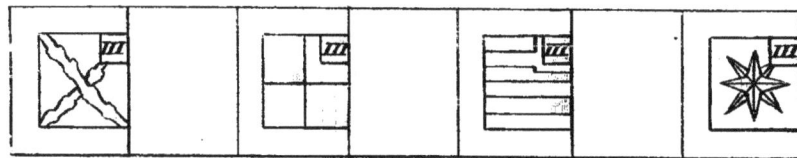

## Enseignes des Armés à la légere.

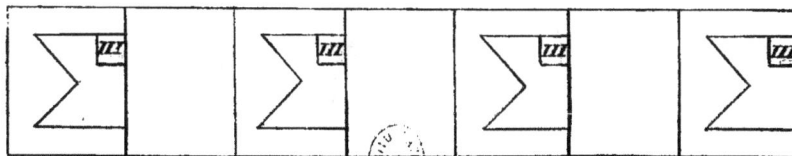

# DRAPEAUX
## de la quatrieme Légion.

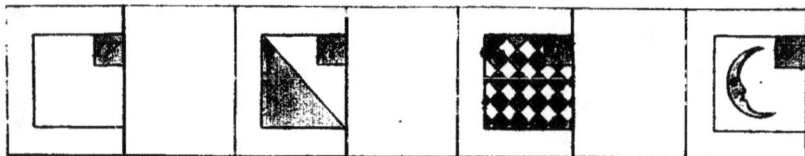

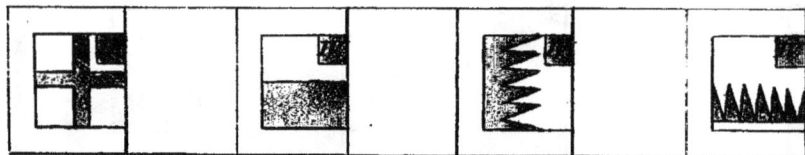

## Enseignes des Armés à la légere.

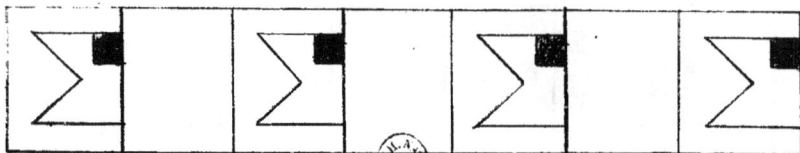

avec une croix de saint André rouge, XV ; trois bandes, jaune, verte & rouge, XVI.

Dans toutes les enseignes, il y auroit un quartier blanc auprès de la pointe, dans lequel seroit en chiffre romain le numéro de la légion. Les desseins & les couleurs de ces différentes enseignes distingueroient chaque centurie dans chaque légion, & les chiffres des légions.

# CHAPITRE SEPTIEME.

## DE L'ARTILLERIE, ET DU CHARROI.

JE voudrois que jamais une armée ne fût compoſée de plus de dix légions, de huit régimens
de cavalerie, & de ſeize de dragons ; ce qui feroit enſemble trente-quatre mille hommes de
pied & douze mille chevaux, en tout quarante-
ſix mille hommes. Avec une pareille armée, l'on
doit toujours en arrêter une de cent mille, ſi le
général eſt habile, & qu'il ſçache prendre ſes
camps. Une plus grande armée ne fait qu'embar-
raſſer : je ne dis pas que l'on ne puiſſe avoir des
réſerves, mais le corps d'armée qui agit ne doit
pas être au-deſſus.

Monſieur de Turenne a toujours acquis la ſu-
périorité avec ſes armées infiniment inférieures à
celles des ennemis; parcequ'il ſe remuoit plus aiſément, & qu'il ſçavoit prendre ſes poſitions de
manière à n'être pas attaqué, & en ſe tenant toujours près de l'ennemi.

On

On ne trouve pas quelquefois dans toute une province un terrein à mettre cent mille hommes en bataille; ainsi l'ennemi est presque toujours dans la nécessité de se séparer : or si cela est, je puis attaquer une de ses parties; & si je la défais, je rends l'autre fort timide, & je gagnerai bientôt la supériorité. Enfin je suis persuadé que ce que les grandes armées ont d'avantages en supériorité de nombre, elles le perdent en embarras, en diversités de manœuvres qui ne sont pas faites par la même ame, en défaut de subsistances, & en d'autres inconvéniens qui en sont inséparables. Mais ce n'est pas le point dont il s'agit ici, & ce sont les proportions qui m'ont amené à cette digression.

Je voudrois que, pour une armée, il n'y eût que cinquante pièces de seize : elles font autant d'effet que celles de vingt-quatre pour battre en brêche, & causent moins d'embarras à mener; douze mortiers, & les munitions à proportion; des batteaux pour faire un pont, c'est-à-dire, avec tous les agrêts; douze ponts à charnières, qui se jettent sur les petites rivières de vingt & trente pieds de largeur; & toutes les autres machines & ustenciles nécessaires. On pourra voir, par le des-

ſein ci-joint , les ponts à charnières, avec la manœuvre qu'il faut faire pour les jetter. L'on peut
paſſer des colonnes de cavalerie & d'infanterie
deſſus , & même du canon. Ils ſe jettent en ſept
minutes , & ſe replient de même* : il ne faut pas
quatre bœufs pour les tirer. Cela eſt d'une grande utilité pour des paſſages de petites rivières ou
pour des canaux, ou pour les communications
des armées.

A l'égard du reſte du charroi & des vivres de
l'armée, les chariots doivent être de bois ſans aucune ferrure, tels que ſont les chariots Moſcovites, & ceux de la Franche-Comté qu'on voit arriver à Paris : ils vont d'un bout du monde à
l'autre, & ne gâtent aucun chemin. Un homme
en conduit aiſément quatre ; mais il faut les at-
teler de deux bœufs chacun : dix de nos charettes gâtent plus un chemin que mille de ces
voitures.

Si l'on ſonge aux inconvéniens qui arrivent
à cauſe de notre charroi, on concevra l'utilité &
la conſéquence d'employer celui-ci. Combien
de fois les vivres manquent-ils totalement, parceque les voitures ne peuvent plus arriver ? Com-

* Planches LVII, LVIII.

*Echelle de 18 p*

Pl. LXII.

Transport du Ponton, avec son Profil.

Echelle de 18 pieds

Patti sc.

*Maniere de jêtter le Ponton sur une Riviere.*

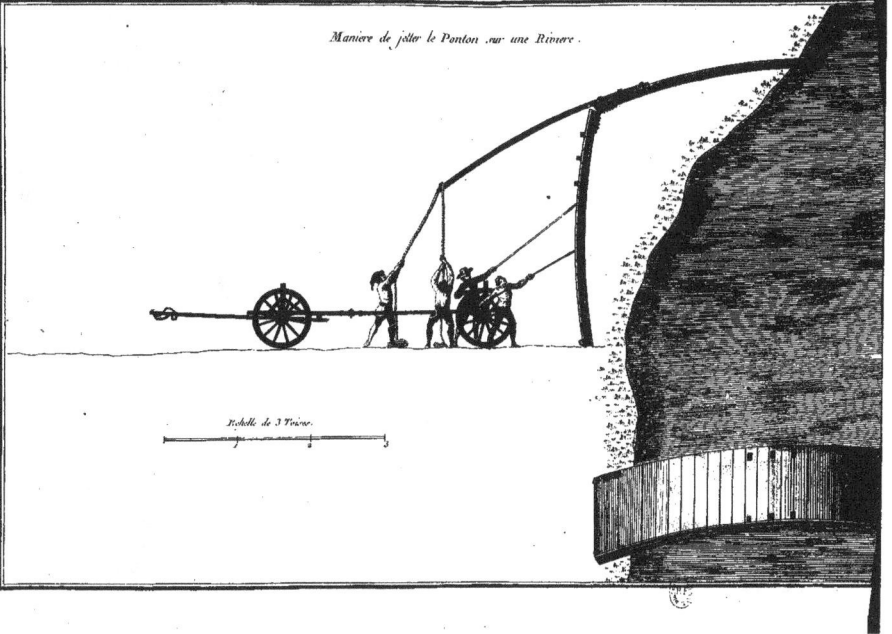

*Echelle de 3 Toises.*

Pl. LVIII.

Manière de jetter le Ponton sur une Rivière.

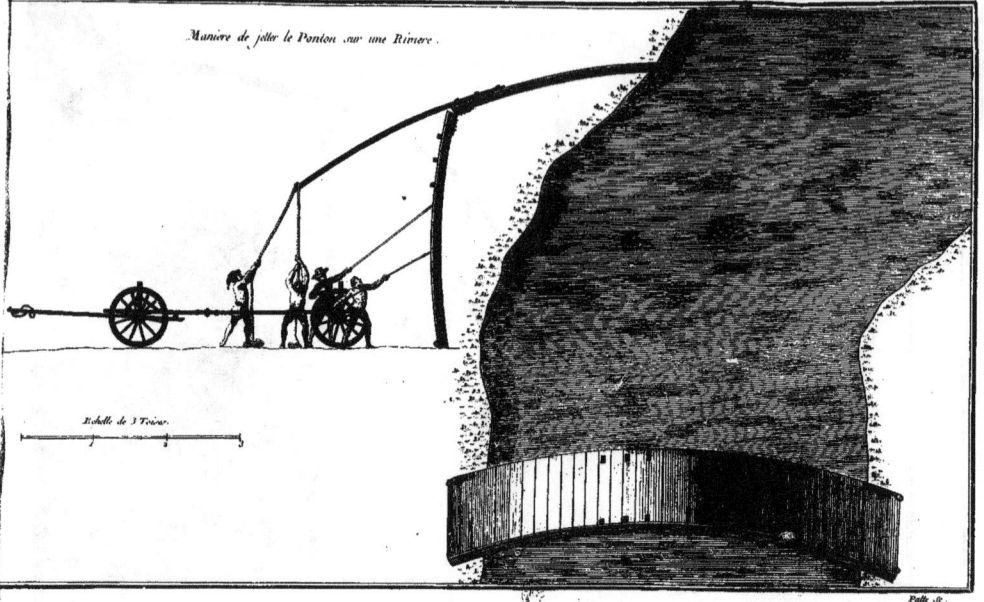

Echelle de 3 Toises.

bien de fois les équipages reftent-ils derrière le
train d'artillerie, & tout le refte , ce qui vous
met dans la néceffité de refter-là tout court ?
Qu'un chemin foit paffablement bon, qu'il pleu-
ve, que deux cent voitures y paffent, il fera rom-
pu à ne pouvoir plus s'en tirer : on le raccom-
mode, cent autres voitures le mettront en pire
état qu'il n'étoit : que l'on y mette des fafcines,
elles feront coupées en moins de rien par nos
charettes, à caufe du grand poids qui ne porte
que fur deux points.

En général, tout le charroi d'une armée doit
être attelé de bœufs, tant à caufe de l'égalité du
pas, que parcequ'il n'y a nulle perte là deffus;
que l'on trouve des pâtures partout; & que, lorfqu'il en manque, on en prend d'autres au dépôt
des bœufs de l'armée. Avec cela, il ne faut pas
beaucoup de harnois. Dès que vous arrivez, ou
que vous faites halte pour quelques tems, vos
bœufs paiffent & fe nourriffent. C'eft la même
chofe dans l'armée, & cela n'eft de nul embarras.

Un homme mène quatre chariots attelés de
deux bœufs chacun. Il faudroit douze ou quinze
chevaux pour conduire ce que ces huit bœufs
mèneront : & le fourage qu'ils amènent au camp

T ij

ils ne le confomment pas comme les chevaux, parcequ'on les envoie à la pâture ; les valets coupent & chargent pendant ce tems-là, & le lendemain ils reviennent. Cela vient fans peine & fans embarras.

Si un de vos bœufs s'eftropie, on le tue, on le mange, & on en achette un autre. Toutes ces raifons font que je leur donne la préférence fur les chevaux pour le charroi. Mais ils doivent tous être marqués, pour que chacun reconnoiffe les fiens dans les pâtures.

## CHAPITRE HUITIEME.

### DE LA DISCIPLINE MILITAIRE.

APRÈS la création des troupes, la difcipline eft la première chofe qui fe préfente. Elle eft l'ame de tout le genre militaire. Si elle n'eft établie avec fageffe & exécutée avec une fermeté inébranlable, l'on ne fçauroit compter avoir de troupes : les régimens, les armées ne font plus qu'une vile populace armée, plus dangereufe à l'état que les ennemis mêmes.

Il ne faut pas croire que la difcipline, la fubordination & cette obéiffance fervile aviliffe le courage. L'on a toujours vu que, plus la difcipline a été févère, & plus on a exécuté de grandes chofes avec les armées, dans lefquelles elle étoit établie.

Bien des généraux croient avoir tout fait, lorfqu'ils ont ordonné ; & ordonnent beaucoup, parce qu'ils trouvent beaucoup d'abus. C'eft un

principe faux : en s'y prenant de cette manière, ils ne remettront jamais la difcipline dans
des armées où elle s'eft perdue ou affoiblie. Il
faut ordonner très-peu de chofes, mais les fuivre avec grande attention ; & punir fans diftinction de rang ni de naiffance, & ne point avoir
de confidérations : fans cela vous vous faites haïr.
On peut être exact, correct, & fe faire aimer
en fe faifant craindre ; mais il faut accompagner
la févèrité d'une grande douceur : il ne faut
pas qu'elle ait l'air de la fauffeté, mais de la
bonté.

Il ne faut pas que les châtimens foient rudes.
Plus ils feront doux, & plus promptement vous
remédierez aux abus, parceque tout le monde
concourra à les faire ceffer.

On a une méthode pernicieufe en France,
qui eft de toujours punir de mort. Un foldat
qui eft pris en maraude eft pendu : cela fait
que perfonne ne les arrête, parceque chacun
répugne à faire mourir un miférable pour
avoir été chercher fouvent de quoi vivre. Si
on les remettoit fimplement au prévôt ; qu'il
y eût une chaîne, comme aux galères ; qu'ils
fuffent condamnés au pain & à l'eau pour un,

deux, ou trois mois; qu'on leur fît faire les ouvrages qui fe trouvent toujours à faire dans une
armée; & qu'on les renvoyât à leurs régimens la
veille d'une affaire, ou lorfque le général le ju-
geroit à propos; tout le monde concourroit à
cette punition, les officiers des grandes gardes
& des poftes avancées les arrêteroient par cen-
taine; & bientôt il n'y auroit plus de maraude,
parceque tout le monde courant deffus y tien-
droit la main. A préfent, il n'y a que les malheureux de pris. Le grand-prévôt & tout le monde, quand ils en voient, détournent la vue. Le
général crie à caufe des défordres qui fe commettent : enfin le grand-prévôt en prend un, il
eft pendu; & les foldats difent qu'il n'y a que
les malheureux qui perdent. Eft-ce conferver la
difcipline? Non. C'eft faire mourir des hommes
fans remédier au mal. Ah! l'on dira, les officiers
en laifferont également paffer aux poftes. Il y a
un remède à cet abus. Il n'y a qu'à faire inter-
roger les foldats que le grand-prévôt aura pris
dehors, leur faire déclarer à quels poftes ils ont
paffé; & envoyer dans les prifons, pour le refte
de la campagne, les officiers qui y commandent;
cela les rendra bientôt vigilans, attentifs & in-

exorables; mais lorfqu'il s'agit de faire mourir un homme, il y a peu d'officiers qui ne rifquent deux ou trois mois de prifon.

Il en eft de même pour toutes les autres cho-fes de difcipline, fi le châtiment eft trop rude. Il faut prendre garde auffi à ne point avilir les châtimens qui ne doivent point être deshono-rans, car il en faut de ceux-là. L'on a, par exem-ple, avili les baguettes en France : elles ne de-vroient point l'être, parceque ce font les cama-rades qui châtient. Comment a-t-on avili ce châ-timent? en paffant par les baguettes les filles de mauvaife vie, & les valets, qui font du reffort du bourreau. Qu'en eft-il arrivé? L'on a été obligé de paffer le drapeau fur la tête aux foldats qui ont paffé par les baguettes, pour leur ôter, par cette cérémonie, l'idée de l'infamie qui s'eft atta-chée aux baguettes; remède pire que le mal. On fait à préfent encore pis. Les capitaines qui craignent la défertion de leurs foldats, leur ôtent l'habit & les chaffent d'abord après qu'ils ont paffé par les baguettes. Cela y a mis le comble, de façon qu'à moins d'un cas très-gra-ve, l'on ne paffe aucun foldat par les baguettes; parceque c'eft un homme perdu pour monfieur

le capitaine,

le capitaine, & que le lieutenant-colonel & le colonel ne réſiſtent pas à la ſollicitation que leur font tous les capitaines.

Il y a des choſes d'une grande conſéquence pour la diſcipline, auſquelles on ne fait point d'attention, & que les officiers tournent en ridicule; ils traitent même de pédans ceux qui les font exécuter.

Par exemple : ils tournent en ridicule, en France, l'uſage introduit chez les Allemands, de ne pas toucher aux chevaux morts. Il eſt cependant très-prudent & très-ſage, s'il n'étoit pas outré. On a voulu empêcher par-là, dans les armées, les ſoldats de ſe jetter ſur la charogne & d'en manger : ce qui, outre la malpropreté, eſt très-mal ſain. Cela ne les empêche pas, dans des ſiéges & lorſque le cas le requiert, de tuer leurs chevaux & de les manger. Que l'on juge à préſent ſi l'infamie que l'on y a attachée eſt utile ou non.

On reproche la baſtonnade aux Allemands: elle eſt établie chez eux comme châtiment militaire. Chez eux, un officièr qui injurie un ſoldat, qui lui donne des ſoufflets ou des coups de fouët, eſt caſſé ſur la plainte du ſoldat, &

l'officier eſt obligé de lui en faire ſatisfaction l'épée à la main, ſi le ſoldat l'exige, lorſqu'il n'eſt plus ſous ſon commandement, ſans quoi l'officier eſt deshonoré. Il en eſt de même dans tous les grades militaires ; & l'on voit ſouvent des généraux faire ſatisfaction, l'épée à la main, à de ſimples officiers, après que ceux-ci ont quitté le ſervice : ils ne ſçauroient le refuſer ſans ſe deshonorer.

En France, on ne fait pas de difficulté de ſouffleter les ſoldats, de leur donner des coups de bâton, parceque le propos de libertinage a détruit cette punition militaire. Il en faut cependant, & de promptes, qui ne ſoient ni flétriſſantes ni deshonorantes. Que l'on balance maintenant les deux uſages ; & que l'on juge celui qui va plus au bien du ſervice, & où le point d'honneur eſt le plus ménagé. Il en eſt de même pour la diſcipline des officiers.

Les François reprochent aux Allemands le prévôt & les fers ; les Allemands leur reprochent la priſon & les cordes : l'on ne mettra jamais un officier Allemand dans une priſon, ni on ne le livrera entre les mains d'un géolier, où il eſt avec des gens qui ont volé, & qui peut-être feront roués dans peu.

Il y a un prévôt à chaque régiment ; & c'est toujours un vieux fergent à qui l'on donne cet emploi, eu égard à fes fervices. A l'égard des fers, je ne les ai jamais vu donner que lorfque les affaires étoient criminelles. J'en ai vu chez les François qui étoient liés avec des cordes. Un officier François ne fera point de difficulté de lier un foldat avec des cordes, de lui mettre les olivettes : un Allemand n'y touchera jamais. Les foldats François mènent les patiens au fupplice : les Allemands les livrent au bourreau qui les lie. De ce moment, aucun foldat ne touche un patient ; & ils n'accompagnent le patient, le bourreau & le confefleur, que pour contenir la populace. Que l'on balance encore ces mé-thodes ; & je crois que l'on reviendra des préju-gés qu'il ne faut jamais prendre, fans en avoir examiné les caufes.

Après avoir expofé mes idées fur l'infante-rie & la cavalerie, fur la manière de combat-tre, & fur la difcipline, ce qui eft, pour ainfi dire, la bafe & les fondemens de l'art mili-taire, je dois entrer dans des parties plus fubli-mes. Peu de gens m'entendront peut-être ; mais j'écris pour les connoiffeurs, & pour m'inf-

truire moi-même par leur critique. Ils ne doivent pas être offensés de l'assurance avec laquelle
j'expose mes idées. C'est à eux à les rectifier; &
c'est le fruit que j'attends de cet ouvrage.

FIN DU PREMIER TOME.

# TABLE

## DES

## CHAPITRES ET ARTICLES

### DU PREMIER TOME.

*FIN DE LA TABLE DU TOME I.*

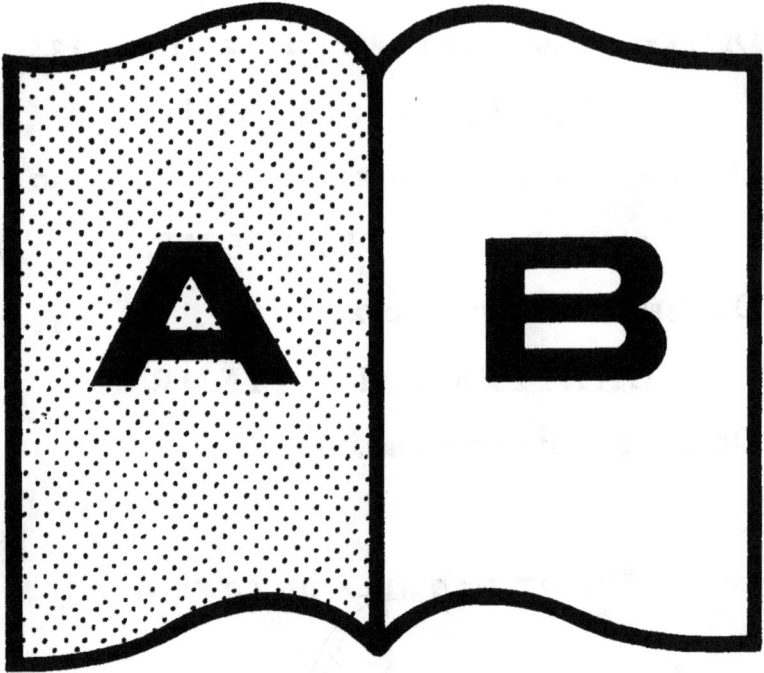

**Contraste insuffisant**

www.ingramcontent.com/pod-product-compliance
Lightning Source LLC
Chambersburg PA
CBHW061120220326
41599CB00024B/4102